35歳から出世する人、しない人

老闆只要這些人

日本獵人頭達人教你職場勝出秘訣

佐藤文男◎著

謝佳玲◎譯

前言

時光飛逝，距離我二十三歲出社會，已經過了約三十個年頭。畢業那年我先到綜合貿易公司工作，一開始隸屬於人事部。之後，又做過綜合貿易公司的業務、外商證券公司的人事、製造業的業務（行銷），累積「人事」與「業務」等兩種經歷後，因緣際會在三十七歲時，轉換跑道到我目前的本行，也就是人力搜尋（獵人頭）公司上班，踏進所謂人才顧問的世界。之後我自行創業，工作幾年下來，截至今年為止，在人才顧問上已有十五年的經驗。

這次，本書將從人才顧問與人事部的觀點兩個角度，告訴大家，「想在三十五歲就飛黃騰達的人，二、三十歲時究竟該做些什麼？」

二、三十歲的上班族在剛出社會時，一般都會覺得「工作很難找」，也沒經歷過有二十世紀最後的日本經濟成長期之稱的「泡沫期」。可說是個多數人都進不了理想中的大企業，只能屈就在自己不怎麼感興趣的大企業或中小企業（創投企業）的世代。也就是說，這個世代的年輕人，經歷過的只有一九九〇年代前半泡沫崩解、日本經濟進入嚴峻時期的那段，而不懂什麼叫泡沫期。二十一世紀初期，日本雖曾有過一段科技公司股票紛紛上市的科技泡沫期，不過，從一九九〇年代前半到現在，日本經濟的發展不僅絲毫不見曙光，再加上受到人口減少、高齡化，以及二〇一一年日本東北大地震與核能問題等影響，日本經濟宛如走進死胡同般看不到未來。遺憾的是，畢業生不好找工作的窘境，目前依然在持續中，找得到工作的算不錯了，慘的是有越來越多的畢業生，根本連工作在哪兒都不知道。

儘管如此，我還是希望這些二、三十歲，目前正在各個企業打拼的年輕上班族，能一肩扛起日本的未來，懷抱希望與強韌的心向前邁進。為了做到這點，我衷心期望有更多人，能在自己目前任職的企業中「飛黃騰達」，進而發揮領導企業的作用。

虛長幾歲的我，雖稱得上是各位人生上的前輩，但我明白自己並不完美，也還有成長的空間，往後需更努力鑽研才行。不過，活到這個歲數倒是讓我明白，身為一名上班族，究竟該趁年輕時多累積與鑽研些什麼。所以，我一方面比對容易隨時代變遷而改變的價值觀與社會需求，例如：若想在三十五歲「飛黃騰達」，究竟該知道、學習或鑽研些什麼？什麼事又是非得透過工作才能學會的？

另一方面則以淺顯易懂的方式逐一說明，我從自身的經驗中，查覺到的七十八項應該會對年輕的各位很有幫助的重點。

因為我知道自己並不是很完美，所以寫書時我便在想，如果自己能讓後輩在年輕時就掌握狀況，那對自身的商務生涯來說，應該也會更光明、更上層樓吧！

「飛黃騰達」一詞的定義，會因應時代變遷而有不同的解釋。

在稍早之前的一九六〇到一九七〇年代，這段日本的高度成長期中，三十五歲左右晉升課長，不僅是上班族的目標之一，也讓人羨慕不已。時至今日，雖然「飛黃騰達＝升官」還是很重要，但另一方面，抱持「飛黃騰達＝未來能否挑戰比現在更上層的工作」的想法，更是不容忽視的重點。

今後，除了想在目前任職的企業「飛黃騰達」，直接晉升企業要員的人外，應該也會出現想用轉換跑道來謀取更高職位，或以獨立創業為目標的人。就某種層面來說，或許未來每位上班族對「飛黃騰達」的定義，都會有所不同也說不定。

然而，不管現在大家是站在哪條「飛黃騰達」的路口，為了讓大家都能在三十五歲後更上層樓，順利踏上「飛黃騰達」之路，我歸納出七十八項重點，希望大家能在二十到三十五歲前好好鑽研完這些內容。

最後，這本書不僅適合二、三十歲的年輕上班族閱讀，連四、五十歲經驗豐富的商場老將也請千萬別錯過。職場上活躍多時的各位，在培育下屬之際，如能因本書重新回顧自己過往的足跡，從而對管理產生助益，將會是作者望外之幸。

佐藤人力搜尋股份有限公司

負責人 佐藤文男

目次

第1章 ▼▼▼
你的飛黃騰達掌握在人事部手上

第2章 ▼▼▼
如何提升別人對於你在職場上的表現評價

第3章▼▼▼ 做事一定要有謀略

第5章 ▼▼▼

想要飛黃騰達 就得強化的十八項能力

第6章 ▼▼▼ 將文化活用到工作上

第 1 章

你的飛黃騰達
掌握在人事部手上

1 ▼▼▼ 過去的人事考核、未來的人事考核

經濟環境瞬息萬變，人事考核時所重視的點也跟著改變。話雖如此，硬要比較過去的人事考核與未來的人事考核間哪一點變化較少，就是二者基本上都很重視「成果、實績」。

另外，管理能力的有無，也是人事部向來非常重視的點。特別是過了三十歲後，就算單獨作業的能力再強，只要統領團隊或培育下屬的能力不高，就很難在人事考核中得到高度的評價。

另一方面，以前很重視、但未來卻不大能得到好評的是——員工對上司的服從度。在過去，一個員工只要確實遵從上司的指示，同時好好累積經驗，自然就會具備工作所需的技能。不過，在凡事要求快速的現在，沒有能力自己做判斷，就無法成為承擔公司未來重任的職員。也就是說，比起只會聽從上司指示乖乖做事的「被動型員工」，未來懂得主動提案、率先出擊的「主動型員工」，將會得

到比較高的評價。

人事考核不斷在變，在此提出三項未來大家都會很重視的點，跟各位分享。

第一點是「曾經從無到有開創過新事業」。未來的時代，一個只會延續既有事業的公司，經營狀況很有可能會越來越糟，因此，所有企業無不希望員工具有構思並開創全新事業的能力。能舉出「自己曾在公司提過新企劃案，讓公司業績提升」或「曾為公司建立新事業或成立新公司」等實績的人，自然會得到高度的人事評價。

第二點是「曾幫公司轉虧為盈」。在公司要你想辦法讓虧損部門轉虧為盈，或指派你去重建赤字連連的公司時，就證明公司肯定你具有「轉負為正的能力」。

第三點是「曾到海外拓展過事業」。一般企業未來想成長，無可避免地一定得拓展海外市場。因此，實際到海外拓展過事業，或曾在國外成立過公司的人，絕對是各大企業極力想爭取的人才。

上述三點的共通處就是，這些工作的難度，都比一般上班族平常被要求要做的事高一些。換個角度想，這類工作的風險也高，所以一般人若遇到了，大多能閃就閃。但在未來，做這類工作，反而會讓你比其他人更有機會獲得高度的評價。因為若是成功了，它將會成為你強而有力的經驗與經歷，反之，就算不幸失敗，你也會因勇於接受挑戰的精神而得到肯定。

2 ▼▼▼ 該如何看待人事考核

先不管人事考核的重點是什麼，我相信大家一定常遇到「自己明明已經覺得表現得很好，但實際上得到的考核成績卻不如預期」的狀況。有些考績看在本人眼裡，甚至完全無法接受。

每家公司的人事考核方式都不同。一般公司每年會撥一～兩次的時間，跟員工討論今後要做出那些成果，同時設定目標。之後再以這個目標，作為評定員工工作表現的基準。欠缺這類考核制度的公司，一般是由主管綜合評量員工平常的做事態度與工作成果後，再來打考績。

因此，哪怕公司對你的工作表現不是很肯定，讓你覺得很不服氣，也請大家不要太過在意。特別是二、三十歲的年輕人，如果看到主管對自己評價很低，往往會很想立刻為自己辯駁。不過我想告訴大家的是，別人給的評價，充其量只是個評價，我們只要虛心接受就好了。人事考核不是自我評量，跟你自己覺得有沒有達成目標無關，而是由主管來做客觀的判斷。因此，當你發現主管給你的評價很低時，你只要虛心接受，想著：「可能只是我自己沒注意到而已，或許真的還有許多地方需要加強也說不定」就好。之後再試著請教主管，到底自己有哪些項目表現不佳。要知道，只有時時保持謙遜的心，自己才會獲得成長。

我相信跟主管談過後，可能還是有人覺得無法接受。這種時候的正確做法就是放棄，並將一切拋諸腦後。

一名上班族的價值，是長年累積無數的評價後才能斷定的。所以，我們大可不必因某一年的評價好壞就開心或難過。特別是二、三十歲的年輕人，未來還那麼長，與其一直耿耿於懷，倒不如趁早轉換心情，好好思考隔年該如何才能把工作做好還比較有建設性。

重要的是，自己到底成長了多少。請大家一定要認清，人事考核充其量不過是刺激自我成長的「一把尺」而已。**自己心中的這把尺，本來就不可能跟別人或**

主管心中的那把完全一樣。所以硬要去爭執誰對誰錯，根本是沒有意義的。

一般來說，自己對自己所做的評價，往往會比實際狀況高；相較之下，別人對自己的評價，則有比較嚴格或偏低的傾向。

某些主管確實會因個人的喜好，而影響自己對下屬的評價，但只要是人就有喜好，這也是莫可奈何的事。如果這樣的狀況持續好幾年，你或許可以跟人事部反應或考慮換工作，不過如果單純只是某次考績不理想，我則會建議大家將希望寄託在下次的考績上，這樣或許會比較好些。

3 ▼▼▼ 菁英部門與飛黃騰達之路

過去企劃、人事與業務等部門，曾因被視為「菁英部門」，或是進入這些部門就等同於踏上「飛黃騰達之路」而熱門一時。不過，**時代不同了，現在的人不能再等著工作來培育自己，而要懂得主動去培育工作才行**。也就是說，要能找出適合自己能力或價值觀的工作，努力提升自己對該工作的專業度，並立志成為該領域的專家，才能創造屬於自己的「菁英部門」或「飛黃騰達之路」。

話雖如此，觀察未來趨勢我們會發現，不管是想提升自己的專業度，或是希望在公司內飛黃騰達，總之，一個期許自己未來能大幅成長的上班族，都少不了一種經驗。那就是「海外經驗」。

未來不管是什麼產業，都必須朝海外發展，也都有全球化人才的需求。FAST RETAILING*的創辦人柳井正會長兼社長表示，「所謂的全球化人才，是指不管到任何國家，都能順利融入該國，同時還能將工作做好的人」，我認為他講得一點也沒錯。想成為這種全球化人才，自然必須具備實際在國外工作的經驗。如果可能，盡量在三十五歲前多找機會到國外出差，或累積被派駐到國外工作一年以上的經驗，因為這將能為一個上班族未來的成功，打下穩固的基礎。最近有許多公司都會積極將二十幾歲剛進公司的年輕員工，送出國去累積海外工作經驗，所以年輕的你，如果將來有出國工作的機會，一定要記得好好爭取與把握喔！

另外，苦無機會出國進修的你，則可建議公司成立與海外業務有關的事業

*註：日本的零售控股公司。持有的品牌包括知名平價服飾品牌UNIQLO等。

部。在這個連大學生都能出來創業的年代，受雇於某公司的好處，就是組織裡有許多資源可供利用。

公司擁有的資源，不光是眼睛看得到的物品而已，連人脈與 KNOW-HOW 等眼睛看不到的東西也都算。如果你目前任職的公司，早已開始拓展海外事業，你就會清楚知道，拓展海外業務時，究竟該注意哪些要點，或過去在拓展海外事業時為何會失敗。

在這個不管什麼公司，都試著要拓展海外事業的時代，大家一定要多在腦中思考，看看有沒有什麼辦法，能利用現有資源去建立新事業。機靈一點，你將會對公司內外的情報更敏感，也將更有機會搶先掌握到先機。

4▼▼▼ 如何才能轉調到自己理想中的部門

「當初我是因為想當業務才進這家公司，沒想到居然被分發到財務會計部門。後來想想，還是覺得自己比較適合當業務，所以決定要換工作」。曾有二十幾歲的上班族在面談時如此說到。

面對這樣的聲音，很遺憾地我必須說，公司本來就不可能讓每個人都做自己喜歡的工作。特別是社會新鮮人，最好先有心理準備，那就是你進公司被分發的第一個部門，通常都跟你本來想進的部門不一樣。

這種時候你該做的就是，先確實做好眼前的工作，並做出一番成果。你要跟公司提出「異動」申請沒人會反對，不過前提是你必須先做好別人交辦的工作，否則將很難如願。要知道，這個世界沒那麼好混，不認真做好自己分內工作的人，即使再會吵、再會要，也不會有人理你。所以說，第一步就從現在隸屬的部門，好好努力做出一番成果與實績做起。之後，再來跟主管反映「自己未來想當業務」的想法，主管也才比較有可能會回答你：「既然如此，如果未來三年你在這個部門也能繼續好好努力，公司將會認真檢討，是否能將你轉調到業務部門」。

因「《電波少年》的T製作人」而聲名大噪的日本電視台製作人土屋敏男，據說在大學畢業剛出社會時，也很希望自己能進製作部，不過事與願違，一開始還是被分發到編輯部。所以，他只好**一邊做好編輯部的工作，一邊利用上班以外**

的私人時間，以每週一份的頻率，持續向各節目提出企劃書。光是短短二年，他向製作部提出的企劃書，就多達兩百份以上。因為這樣，在進公司後的第三年，他終於被調到製作部。土屋先生最後能如願進到製作部工作，除了跟他驚人的執著力有關外，最主要還是他能認真投入編輯部的工作，否則如果只是空有信念，對於編輯部的工作卻敷衍了事，公司應該也不會願意將他調到製作部吧！

二、三十歲心高氣傲的年輕人，一旦被分發到自己不喜歡的部門時，有可能會因「不想做這種工作」而應付了事。要知道，公司中絕對沒有什麼事是沒有價值或不值得做的。不管怎樣的工作，只要我們能以正面積極的態度去面對，未來，在我們的商務生涯中，一定會展露出它的價值。至於該怎麼做，才能在不久的將來轉調到自己理想中的部門，每家公司的狀況都不同，不知道的人可以先去請教主管。最近有不少企業會進行內部選拔，也有越來越多的公司，能接受員工自己提出異動的申請，請大家在做好手邊工作的同時，也不要放棄找出能讓自己調到理想部門的方法。

如果你已經在目前的部門努力工作了三年，卻還是無法被調到理想中的部門，或許就可以開始思考要不要跳槽或換工作。不過，不管你決定未來怎麼走，我希望大家都能將換工作當成是最後的手段。

5 ▼▼▼ 突然被調到自己不想去的部門時

只要是在組織中工作，就有可能被調到自己不想去的部門，這一點也不奇怪。話雖如此，如果大家在年輕時被調去自己不是很想去的部門，當務之急，還是要先盡全力做好新部門的工作。

之所以會突然被調到自己不想去的部門，有時是因為公司對你有所期待，希望你表現得更好。雖說做自己習慣與熟悉的工作，確實比較容易出現成果，不過只要大家能虛心接受公司對自己的期待，同時認真投入目前的工作，假以時日，一定會慢慢習慣新部門的。

工作表現卓越的上班族，就算是待在自己不想待的部門，也有能力做出一番成果與實績。特別是，如果你才「二、三十歲就做出一番成果」，那麼你的表現，不僅會得到周圍其他人高度的肯定，你對自己也會越來越有信心。

就我個人來說，我認為員工會有想要轉調到某個部門的想法並不是件壞事，不過另一方面，有時候**我也希望大家不要太在意被公司調去什麼部門，或調去做什麼工作**。

二、三十歲的年輕人，也不管自己社會資歷尚淺，實力、見識都還有待成長，就只會一味地強調自我主張（這或許就是所謂的任性）。要知道，「不想去的部門」，有可能只是因為它是你比較「不擅長的部門」罷了。因此，二十多歲的年輕人，如果有幸被調到自己不擅長的部門，一定要正面思考，告訴自己：「這正是我克服自己弱點的大好機會」。假如你連自己不擅長的工作都能做好，對自己來說未嘗不是一種成長，代表你已經克服自己的障礙，而且這麼做，在無形中也能為你累積許多新經歷。別去管別人要求我們做的工作是好是壞，或自己喜不喜歡，只要懂得在新部門好好做事，將來的工作經歷一定會大幅提升。

三十五或四十歲過後，就某種程度來說，已經沒有資格再任性地表示自己喜歡或討厭什麼樣的工作。就算是自己再不擅長的領域，也沒人願意聽你的藉口。別人對你的期望就是，每件事都一定要百分百做出成果。想要累積出這等實力，年輕時就不能對工作有太明顯的好惡，要積極接受各種挑戰。也就是說，大家在年輕時，千萬不要排斥或逃避去從事自己不擅長的工作，而是要想辦法克服它。

當然，我不否定每個人都會有自己的職涯規劃，以及自己覺得做起來比較有意義的工作，在被分發到的部門努力工作的同時，也會渴望有朝一日能被調到自己想要去的部門，或調回原來的部門。話雖如此，還是要提醒大家，最好先在被分發的部門努力做個幾年，讓自己做出一番成果後再說。

6 ▼▼▼ 被降職時

本頁的主題雖說是「降職」，不過事實上有不少例子是，只有員工自己覺得「被降職」，但實際上公司或主管卻壓根不這麼想。特別是二、三十歲的年輕人，更常會因為公司想讓他們多點歷練，而被調到其他部門、分店或分公司。

比方說，一個員工如果從總公司被調到地方上規模較小的分店去工作，往往會覺得自己是被降職，同時還會沮喪「當時怎麼會犯下某個錯誤」。等到仔細確認後才發現，人事異動的原因其實很正面，公司是因「期待他將來的表現，才故意讓他在年輕時先到地方上的重要職位去歷練」。

二、三十歲時，就算被公司調到自己不想去的部門也不要覺得怎樣，只要告訴自己「反正我本來就還有很多事沒做過」就好，不用太去在意年輕時的人事異動。

當然，其中也有不少人，確實是因失敗或工作未出現預期結果而被公司降職的。比方說，大家應該都聽過，因業務上的重大失誤而被調到地方上分店的例子。就算如此，也千萬別太過絕望，心平氣和地接受公司的人事異動就好。站在被降職者本人的立場，或許會覺得「自己在這個公司的生涯已經結束，往後只要繼續待在這家公司，就只有被冷嘲熱諷的份」。不過，未來的職場生涯還那麼長，就算曾被公司降職，難保沒有翻身的一天。我反而覺得被降職是一個讓自己重新學習與成長的機會，以後還有沒有東山再起的可能，就看自己懂不懂得能屈能伸。

年輕人特別容易因為接到降職的人事通知而貿然決定離職，我個人對於這樣的做法相當不以為然。從我自己的經驗來看，一般而言，在目前的公司無法做出實績的人，即使跳槽到其他公司，也無法在短時間內有什麼好表現。

想從降職的恥辱中重新站起來，最棒也最聰明的做法就是，勇敢面對自己的遭遇，絕不輕言逃避，努力在新部門工作，並做出一番成果或實績來。能在新的部門重新振作起來，同時交出成果或實績，不僅會成為自己極大的成功經驗，也會讓自己變得更有自信。從長遠的角度來看，擁有這種從挫敗中站起來的經驗的人，反而更能獲得公司內部的肯定，進而踏上飛黃騰達之路。

當公司下達降職的人事令時，被降職的人只需思考，怎麼做才能再往上爬回去就好。「人生的路有起有伏」，走完下坡之後，等著你的絕對是上坡。千萬不要因小小的一次降職，就充滿負面的想法，記得虛心接受自己的遭遇，帶著正面的想法勇往直前。

7 ▼▼▼ 人事部如何評價不容易看出成果的工作

未來的時代，將比現在更重視結果與成果。因此，做事時，一定要留意自己做的事將來會不會有結果或實績。

不光是業務部門，連管理單位都會被要求做出一望即知的結果。比方說所謂實績，在人事方面可能是指「錄取優秀人才、舉辦有實益的課程」；而在財務會計方面，則可能為「確實削減預算」。

當然，除了結果外，工作的過程與方法也同樣重要。不過，這並不表示「只要拚命做，哪怕做不出結果也沒關係」，而是指「如果方法或過程正確，自然容易得到想要的結果」。

有些人工作時，一旦承受周圍的壓力就很容易迷失，甚至連自己在做什麼都不知道。另外，也有不少人認為，二、三十歲時不需要太在意結果，只要卯足全力做事就好。不過我卻認為，越是在這種時候，越不能放過任何一個成果，即使是再小的成果都要珍惜，好好累積自己的成功經驗。

有過成功經驗的人，即使是遭遇失敗，也會安慰自己這是通往成功的必經過程。相反地，從未經歷過成功的人，就算你告訴他「失敗為成功之母」，他也無法體會與接受。不過，透過累積這些成功的經驗，就能讓人永遠保有正面思考的能力。

再者，**重視結果也有確保方法或過程正確性的效果**。現代社會變化速度之快，完全不是過去所能比擬的，所以即使是過去成功的方法，也不能完全套用到現在。大家都知道，想要成功就得採取正確的方法，但根本沒有人能明確說出，究竟什麼方法才是正確的。因此，就算再重視過程或方法、投入再多的時間，還是有可能無法得到自己想要的成果。因為過程或方法，充其量不過是促使結果發生的手段而已。

如果你用某個過程或方法，得到了你要的結果，那就代表這個過程或方法是正確的。換句話說，過程或方法的好壞，端看這個過程或方法可否導出結果而定。

話雖如此，還是希望大家要小心別「誤解」，以為只要能做出結果，其他的都無所謂。舉例來說，一個業務除了要注意自己的業績數字外，思考如何獲得顧客的信賴，或在公司內部發揮團隊精神等，也一樣很重要。請大家千萬要記住，無視這些重點的人，即使事情做出成果，也很難得到好評或肯定。

8 ▼▼▼ 長期休假對飛黃騰達是否有影響

一般而言，上班族只能依公司就業規則所規定，適用於全公司員工的休假辦法來休假，其餘時間想要隨心所欲的休假，在現實上是有困難的。不過，最近卻出現了一群藉由調整工作方式，讓自己更能積極參與工作以外社會活動的人。也就是經營學者彼得．杜拉克（Peter．Drucker）所提倡的「平行經歷（parallel career）」的概念。

然而，大家還是有可能在主動或被迫的情況下，面臨需要向公司請長假或留職停薪的狀況。在此，我將分別針對「留學」、「育嬰及照料家庭」、「生病或受傷」等三種需要休假的狀況，說明「留職停薪」對「飛黃騰達」的影響。

第一是為了留學而留職停薪。基本上，我認為請這種假並不負面。不管留學的目的是為了取得ＭＢＡ、學習語言，還是了解不同文化，通通都很有意義。重要的是，出國時一定要具體了解此行的目的，以及回國後要如何將所學活用到工作上。只要留學的目的夠明確，不管回國後是要重新找工作，還是回去之前任職的公司上班，你都會比較容易重回工作崗位，而且為留學所做的「留職停薪」，也比較能對你將來的「飛黃騰達」，發揮正面的效果。

第二是指依法休育嬰及照料家庭假的狀況。受到少子高齡化的影響，就業人口減少，如何打造一個男女雙方都能輕鬆就業的環境，成了各個企業的重要課題。因此，企業為了讓這套制度在將來能運作得更順利，現階段無不努力嘗試，試圖在錯誤中成長。

請育嬰及照料家庭假是上班族的權利，今後請這些假的流程，勢必會更快速簡便。另外，使用這項制度的上班族，自己也必須做出一些對應，才能讓制度更加完善。現在是個透過電腦網路，在家也能上班的時代，所以就算「休假」在家，也希望大家多用點創意，別讓「留職停薪」對自己未來的「飛黃騰達」造成不利的影響或跟工作脫節。

最後要談的是因生病或受傷而留職停薪的狀況。有些人會因發生上述意外，不得不離開公司，因而失去活力，甚至自責不已。這種時候請大家不要氣餒，因為重回工作崗位後，還是有機會挽回你在「留職停薪」期間所呈現的頹勢，讓你再次踏上「飛黃騰達」之路的。事實上，有不少目前在公司擔任要職或位居高位的人，過去都曾因生病或受傷而長期住院。

當身體無法隨意動作時，建議大家多看書；眼睛不能看東西時，則可多聽聲音。過去西鄉隆盛*1被流放到沖永良部島*2服刑時，便懂得要在孤獨中拼命念書，努力充實自己的學問。這個經驗後來不僅影響了許多人，也成為西鄉推動改革的其中一個原動力。

借助先人的力量，努力將眼光放在學習上，必定能讓你獲得一些如何在重回工作崗位後扭轉頹勢的靈感。

9 ▼▼▼ 跟人事部的溝通是否是必要的

想做事更順利，絕對要跟上司、前輩、同事做好溝通，還要建立自己的人脈。這種時候，如果能跟自己工作業務有關的人打好人際關係，就算對方跟自己不同部門，在工作上也是很有幫助的。

在公司部門中，裡面一定要有人脈的就是人事部。人事部可說是公司內跟其他單位接觸最為頻繁的部門。光憑這點，有心掌握公司內部最新動態的人，就得在人事部建立自己的人脈。

另外，即使平常跟人事部在工作上沒什麼交集，在工作遇到瓶頸或煩惱時，還是能從人事部得到一定程度的援助。

比方說，當你想要進行「4如何才能轉調到自己理想中的部門」中所提到的公司內部人事異動或轉職時，如果在人事部有人脈，就能私底下請教他們該怎麼做。雖然公司並不會因為你有人脈就優先幫你做調動，但說不定會因此打聽到公司內部人事異動的詳細規則，或是其他部門的情報。

而且，當未來晉升管理階層時，跟人事部的關係還是很有幫助，因為它將成為你商量下屬事情的管道。從查核下屬、工作評鑑，到關照下屬的情緒等，只要透過人事部幫你介紹相關人士，就可以知道其他部門的管理者都是如何處理這些

*註1：主張尊王攘夷，推動明治維新的主要人物。
*註2：日本鹿兒島縣內奄美群島中的一個島嶼。

事的，這對於解決事情自然很有幫助。

不過，因為人事部在性質上屬掌管公司內部機密情報的特殊部門，所以跟人事部的人接觸時，一定要比跟其他部門相處更為小心才行。比方說，我就曾看過下屬跳過主管，直接跟人事部聯繫，惹得主管不是很高興的例子。所以說，自己在跟人事部應對或聯繫時，一定要分外謹慎。

如果同期的人剛好被分發到人事部，也要記得跟他們保持聯絡。另外，透過公司內部培訓課程來認識人事部的人，也不失為一種不錯的方法。

人脈建立後，為了不讓這條線斷掉，也要記得跟對方維持適度的交流。若有機會，甚至可以偶爾邀對方出去吃個午飯或聚聚餐。想要維持辛苦建立起的人脈，就一定要定期見面，互相交換情報。

什麼時候會用到人事部裡的人脈沒人知道，希望大家趁二、三十歲還年輕，就跟裡面的人打好關係。再加上，二、三十歲時所建立起的人脈，往往會在將來的工作上發揮極大的作用。所以從這個角度來看，先跟人事部打好關係，也算是聰明的做法。

10 是否該積極參加公司內部的培訓課程

最近，幾乎所有公司都會積極舉辦內部培訓課程，只是每家公司的業種與規模不同，所以作法上多少也會有點差異。有些公司甚至每個月還會專程從外面聘請講師到公司來上課。內容從ＩＴ技術等跟業務有直接關係的課程到管理課程，甚至連提升工作幹勁與禮儀的課程都有，領域非常廣。

二、三十歲的年輕人平常工作繁忙，就算公司舉辦培訓課程，往往也會因工作上的突發狀況而無法參加，或被迫往後延期。現在回想起來，我自己就曾有參加培訓課程的期間無法做事，累積了許多工作沒處理，導致課後忙到不可開交的經驗。

事實上，公司內部培訓課程對自己的工作是否有幫助，從課程內容就能看出端倪。比方說像禮儀課程，對於已經具備一定程度禮儀知識的人來說，上課的收穫自然有限，另外，就算是跟工作有直接關係的課程，也可能自己買書來看就能了解。這種情況下，我們當然能理解，大家為何會有與其在忙碌的工作中特別撥出寶貴的時間去上課，不如好好完成份內工作的想法。不過，站在人事部的立場則會埋怨，他們按照公司指示舉辦培訓課程，無非是希望年輕的員工能夠踴躍參加，誰知每次的參加率都其低無比，根本是白忙一場。基本上，這類公司內部的培訓課程，都不是強制的，員工可以自己決定要不要參加，所以多數情況下，就算員工沒去參加，也不會受到任何責罰。

就算事實是這樣，我還是希望大家能盡量挪出時間，積極參加公司內部舉辦的培訓課程。我建議大家參加的理由有下列二項：

第一項是，即使你對工作相關知識已有某種程度的了解，還是能透過課程，重新進行確認。雖然我不知道大家能否從中得到對自己工作很有幫助的知識，但至少你會多一個機會，重新去確認自己的知識有無缺漏，有沒有什麼地方是自己沒注意到，或認知有誤的。

另一個重要的理由是，它是建立公司內部人脈的大好機會。參加公司內部的培訓課程，不僅能讓你見見分散在其他部門、平常難得碰上一面的同期好友，除此之外，它也是讓你能跟平常在公司沒機會直接聊天的人，做進一步交流的絕佳時機。另外，就算來參加培訓者跟你不是同期，只要年齡層相同，就能藉此拓展自己的橫向人脈。如果大家能好好把握這種機會，就能在公司內建立豐沛的人脈，為自己將來的商業之路，儲備更多的財富。再者，跟其他部門平常沒機會說上話的人聊天，也能為你帶來良性的刺激。希望大家別再質疑：「去上公司內部的培訓課程真的有用嗎」，而要以積極正面的心態告訴自己：「我要用自己的方法，讓這個課程變成對我很有幫助的一件事」。

11 ▼▼▼ 公司給你的薪水是否合理

相信大家都很在意「自己得到的薪水金額合不合理」、「跟他人比起來如何」。其實，只要參加讀書會或異業交流會等活動，從跟自己同年齡或同經歷的人身上蒐集情報，應該就能掌握自己的薪水級數大概落在什麼位置。

不過，因為薪水往往會因業別、公司，甚至是日商或外商而有很大的差異，所以單純跟別人比較金額的高低其實沒有太大的意義。

與其將心思放在跟其他公司的比較上，不如掌握自己薪水在公司內部的級數，這還比較重要。

雖說各個公司的支薪方式與考績制度都不同，不過最近絕大多數的公司，都是以工作成果作為考績依據，再以考績高低來決定給予多少報酬。**對這種公司來說，「薪水的高低＝公司內部評價的高低」**。年輕的時候，雖然不用太去在意薪水金額的高低，不過把它作為掌握自己在公司地位的客觀指標卻很不錯。

具體的作法就是，先確認自己拿到的薪水跟同級的人相比，是高於平均值，還是低於平均值。我知道要開口問別人薪水多寡很難，不過相較之下，從自己同期的人口中得到這類情報，顯然是容易多了。

這種時候重要的是，要比較自己對自己工作的評價，與實際得到的報酬之間有無差異，同時分析為何會出現這樣的差異。

薪水低於自己預期，可以想得到的原因大概就是「自己某些地方沒注意，不小心被扣了分」或「原本整個團隊或部門的業績就很差」等。無法判斷原因出在整個部門或自己身上時，可以找機會跟打考績的主管談談，請對方給自己一些建議。

特別是，自己明明沒有做出什麼成果，領的薪水卻莫名其妙比別人高時更要注意。因為它極有可能是因整個團隊業績表現良好，全員一同沾光，才使薪水較高。如果是因為這樣才領到高過自己實力的薪水，記得一定要更謙虛才行。

不管如何，最重要的還是「自己對自己的評價」，而不是薪水本身。不久之前，或許還會有人因為不滿薪水過低，而決定跳槽到待遇較好的公司，但時代不同了，這樣的做法不再可行。

特別是資歷尚淺的人，如果只因別家公司的薪水較高就換工作，鐵定會失敗。因為，一個在公司因考績不佳而無法得到高額年薪的人，就算跳到其他公司，考績也不會因此就變好。大家一定要知道，因「現在的主管或部門不肯定自己」而換工作的人，失敗機率是非常高的。

當閃過想換工作的念頭時

這次，希望大家思考的是，當突然閃過想換工作的念頭時，「優秀的職員」會如何處理。

「A年紀約二十幾歲，在大銀行擔任職員，轉眼間進公司也邁入第二年，突然閃過想換工作的念頭。事實上，從小在國外長大的A，進公司後就一直希望被分發到與海外併購事業有關的部門。即使事與願違被分發到分行當業務，依然熱心服務顧客，第一年時甚至還因業績表現突出而獲頒新人獎，不過，最近他突然覺得做得很沒力。找主管商量後，雖然主管承諾他，只要努力三年，就會考慮把他調回總行的海外相關部門，但到底調不調得成也沒人知道。請問，如果A是位『優秀的職員』，他應該如何突破這個困境呢？」

像A這樣，進公司已經邁入第二年，卻依然為了無法做自己想做的事而煩惱不已的人，其實還不少。特別是，如果目前待的部門跟當初自己進公司時想進的部門不同，更容易讓人產生想換工作的念頭。雖說最後做決定的人是每個人自己，不過我還是會建議剛畢業的社會新鮮人們，最好先在目前的公司至少待個三年，全心全力投入眼前的工作，並為將來打好工作基礎再說。這個時候最重要的就是，「別抱著莫可奈何的心態做事，而是要發揮創意，盡全力將目前的工作做好」。身為一位上班族，如果希望自己對公司的貢獻度超過公司所提供的薪水，就一定要在二十幾歲時養成這樣的觀念，並將每一項工作都當成很有意義的事來看待。

那麼，A究竟應該如何處理這個狀況呢？首先，A必須先在目前的公司做出一番實績，之後再來考慮換工作的事。就算第一年因為工作表現優異得到新人獎，也不代表第二年不用努力就可以繼續出現實績，所以第二年自然也要好好努力才行。除此之外，不管目前的工作有無機會用到英文，也要利用通勤的時間或週末，好好鍛鍊自己的英文能力，做為自我啟發之用。也就是，先在目前的公司全心全力工作個三年後，再重新拜託主管將自己調到海外相關部門。

另外，如果公司內部有提供到國外取得MBA課程，試著去參加看看也不失為一種脫困的方法。我個人認為，這樣過了三～五年後，若發現還是很難指望被公司調到海外相關部門，或到國外去留學時，再來考慮換工作也不遲。

日本三一一大地震後，不僅經濟變得蕭條，連換工作的門檻也跟著提高，但我們卻依然很常見到一些二十幾歲的年輕職員，動不動就想透過換工作，擺脫對目前工作或人際關係的不滿。當然，一個人該怎麼換工作，沒有正確的答案，不過在擁有約十五年人才諮詢顧問經驗的我看來，「剛從大學畢業的社會新鮮人，最好先在同一公司待個三～五年，全心投入目前的工作，之後再拜託公司將自己調到想去的部門，等到真的很難如願時，再來考慮換工作」。

優秀的職員這點不同
個案研究
2

當沒有可商量的同事或主管時

這次，希望大家思考的是，沒有可以商量事情的同事或主管時，「優秀的職員」究竟該如何對應？

現在的時代，主管光是處理自己的工作就已經忙到自顧不暇了，根本沒有多餘的心力，能像以前那樣指導或追蹤下屬的工作狀況，所以經常會讓下屬感到孤立無援。年輕職員遇到工作上的問題想找人商量，但周圍的主管或同事每個人都忙到不可開交時，究竟該怎麼辦才好呢？

這次要談的是，一個畢業進公司已邁入第三年，卻在公司找不到可以商量的同事或主管的職員的案例。

「B年紀約二十五歲，大學剛畢業就進入目前這家員工人數不滿百人的小公司上班，在公司已邁入第三年。因為景氣差，公司過去五年來都盡量不錄取沒經驗的社會新鮮人，所以全公司跟B年齡較相仿的，只有一位跟他同期進公司的同事，及一位比他們早五年進公司的前輩而已。B跟自己的主管課長C，整整差了十五歲之多。因為公司規模小，B除了要做總務的工作外，還經常會被交辦財務及會計等其他工作，課長C自己手上的工作也很多，就算工作遇到問題也很難找他商量。至於跟他同期進公司的那位同事，幾乎都在工廠工作，所以B不僅工作上的問題找不到人問，平常周圍也沒有可以聊天的對象，最近在公司甚至有種完全被孤立的感覺。他每天都過得很不安，不知道『按照目前的狀況，從這個工作中，自己真能學到什麼嗎』、『繼續維持現狀真的好嗎』。總務部中，除了課長C外，就只有三位年資都超過十年以上的前輩，整個公司沒有半個自己打從心裡覺得可以商量的對象。請問，如果B是位『優秀的職員』，他應該要如何突破這個窘境呢？」

這次的例子不單只是個案，事實上，目前有許多二十幾歲的年輕職員，正為身邊找不到可以商量的同事或主管而煩惱不已。我相信確實有不少主管，雖名為主管，但事實上只是個位居中間階層的中間管理者而已，所以自己也有許多工作要做，根本無暇去照顧下屬或督促他們的工作進度。

不過，二十幾歲是為將來工作生涯奠定基礎的重要時期。因此，不管是公事或私事，都應該要有個可以商量的同事或主管才行，若身邊沒有這種人，就要自己找出對策。

那麼，讓我們來看看B是如何處理這個現狀的。首先，B努力建立了一套能跟主管溝通交流的機制，即使主管C再忙也一樣。具體來說就是，他拜託C承諾每週給他一個可以個別報告工作上的問題點及請教事情的機會。考量主管C很忙，B會在前一個禮拜就先跟C確認下週的行程，了解他哪一天方便，哪怕不是固定在每週的某一天都沒關係，重要的是讓自己每個禮拜都能跟C個別開個會。

另外，為了讓自己有可以商量工作以外事情的對象，B也很努力建立自己在公司內部的人脈，比方說他每個月會定期找那二位跟自己同期進公司的工程師，及早自己五年進公司的前輩一起去吃吃喝喝。另一方面，B也將眼光放到公司外，知道想要做好財務與會計的工作，就得取得簿記一級*的證照，所以週末開始去簿

*註：「簿記」類似記帳，偏技術面，著重會計帳務的處理，不像會計會做理論分析。簿記考試分三級，一級是其中最難的。

記學校上課。在學校上課的這段時間，B又結交了跟自己年齡相仿的朋友，經常一起分享工作上的困擾或問題。

也就是說，B不只在公司中為自己建立起跟直屬主管的溝通管道，也讓自己跟為數不多的同事與前輩有了交流的機會，甚至在公司外，也透過財務、會計等共通的工作，結交到不少跟自己一樣，立志在專業領域更上層樓的好友，靠自己的力量，主動破除「沒有可以商量的同事或主管」的窘境。我相信某些組織，確實會讓員工像B一樣，覺得身邊完全找不到可以商量工作困擾的對象，此時重要的就是，要自己主動出擊。特別是當身邊沒有跟自己同年齡層的職員時，則可試著找主管、同事、前輩的協助，或者到公司外去結交能幫自己解答問題的朋友。身處這個時代的二十幾歲年輕人，不能再以「身邊沒有可以商量的主管或同事」為藉口，而要主動在公司內或公司外尋求可以商量的對象。

第 2 章

如何提升別人對於你在職場上的表現評價

12 ▼▼▼ 你是否重視工作經驗的累積

世上絕對沒有任何一項工作是完全沒有價值的。

我相信，一定有不少人在公司做事時會覺得，「為什麼我非要做這種事不可？這麼做真的有意義嗎？」特別是剛換工作或剛被調動到別部門的人，對於自己還不習慣的工作，更會有這種感觸。

公司交辦的工作，確實不可能每件都那麼有趣或有意義。不過，如果因此覺得這種事只要應付了事、隨隨便便交差就好，那可就錯了。因為，即使覺得自己被交辦的事再無聊、再沒意義，只要能確實把它做好，它就會讓你的能力更上層樓。

只要能全心全力做好眼前的工作，必定會獲得大家的肯定。得到肯定後，人家就會交付新的工作給你，如果你又能確實把它做好並獲得好評，下一個工作的內容就會更有難度。**一而再再而三地用心付出，不僅能提升別人對你的評價，也**

能因此被賦予更有意義的工作。而這一切的變化，就是從別人交派給你那個乍看之下無聊至極的工作開始。

即使是再瑣碎的事，若想把它做到盡善盡美，還是需要下功夫的。確實做好眼前的事，並不是指公司要你做到一百分，你就真的只做到一百分而已，而是要做到一百二十分。也就是說，你做出的成果，必須超越對方的期待才行。

如果你是主管，你會想將重要的事交付給哪一種下屬呢？只要稍微這樣想一下，相信大家自己心裡就會有答案了。

比方說，就算是單純的資料影印，也能從印得漂不漂亮、釘書針釘得整不整齊看出你的用心，這同時也代表你的工作表現。即使是再簡單或任何人都能做的工作，只要你能做出超乎別人期待的結果，主管或前輩就會對你產生信任，認為：「你看起來好像挺有工作熱忱的，或許可以交待一些更重要的事情讓你做」。

有些比較傳統的老闆，甚至還會親自去擦辦公桌或掃廁所。據說，將「Francfranc」培育成大型家俱家飾連鎖商店的BALS集團社長高島郁夫，在早上工作前，也會跟員工們一起打掃。這些大老闆們之所以會這麼做，就是因為他們認為確實做好基本的事，在工作上才會有好表現。

沒有任何一項工作是完全沒有價值的。

乍看之下再沒意義的工作，只要解讀、對待它的方式不同，它就會產生截然不同的意義。

請記住，目前被交辦的事，全都有它的意義，所以一定要全心全力去完成它。這麼做，你在公司與職場中就會獲得好評、未來也會比別人更有機會「飛黃騰達」。

13 ▼▼▼ 你在做事時，是否經常會把自己視為負責人

對一名上班族來說，經常把自己當作「事情負責人」的態度是非常重要的。換句話說，就是做事要有「責任感」。工作時，記得要經常提醒自己要對事情有責任感。

二、三十歲的年輕人，因為不用扛太大的責任，所以往往不大有自己也是負

責人的感覺。

淨挑自己有興趣或輕鬆的工作做，遇到討厭或棘手的事，就只會指望別人去完成。不過，工作並不是能夠自己選擇的。

做事最重要的態度就是，哪怕主管丟給你一個你不喜歡的工作，都必須把自己當成是這件事的主要負責人，開始展開行動。組織裡的工作，通常不會是一個人單打獨鬥，而是以團隊合作居多，但大家千萬別因為這樣，就理所當然覺得，「這件事，小組裡應該還有其他人會做」，而要經常抱持著自己是負責人的態度，告訴自己，「就算有其他人在，自己也要負責把這件事完整地做好」。

以小組的方式來執行計畫時，組員必須分工合作，並決定每個人負責的範圍。如果你只會對自己負責的項目負責而不做其他事，哪怕你將該項目做到一百二十分也還是不夠。因為工作時，我們不能只關注自己被分配到的工作，還必須確實掌握其他組員的工作狀況，站在整體計畫的角度來看事情才行。

換句話說，你必須把自己當成領導者，站在領導者的角度去思考，「如果我是計畫的負責人，我該怎麼想、怎麼做」。

如果你能以領導者自居，站在領導者的角度，而非以自己分配到的那一小範圍來看事情，就會明白自己分配到的那份工作，在整個計畫中所代表的意義。如此一來，你便不再只會埋頭做自己的事，而會想著：「我的事最好得先擱一邊，先去幫忙別人比較好」或「如果不跟那個人好好溝通，可能會影響到計畫的進行」等等，產生出一個接一個的靈感。

大家眼中一旦只有自己被分配到的事而沒有團體，**即使每個人都各自做出令人滿意的結果，整個計畫還是有可能朝錯誤的方向前進**。

橘福島咲江先生是一位我非常尊敬的人才顧問大前輩，在我受他薰陶的話語中，有一句是，「面對任何工作，都要視自己為老闆去處理」。

做為一個老闆，須對公司的事負全責，沒有地方可以逃避。我們在做事時，也要有同樣的覺悟跟責任感。

年輕的你，或許還不必對某個計畫負全責，不過，大家在工作時，大可不必因此畫地自限，認為「自己只要做到這樣就好」，大家其實可以更有責任感地想：「我自己也要對這一切負責」。如此一來，相信大家對工作的態度也一定會跟以前不同。

14 你是否會努力讓自己得到人望

身為一名上班族，想在社會上飛黃騰達，就必須有將人氣聚集到自己身邊的人望。無法得到人望的人，想在公司這麼一個組織中爬到很高的位階，其實是非常困難的。

想要得到人望，重要的就是要被周圍的人尊敬，但讓別人尊敬，卻不單只是把工作做好就好了。個性傲慢又自私自利的人，哪怕在公司裡的業績再好，也無法得到人望。因為想獲得人望，還要有「人德」才行。大家聽到「人德」兩字，或許會覺得很難懂，其實簡單來說，就是指一個人能為周遭的人帶來正面的影響。這種人除了會將自己分內的工作做出一番成果外，平常還會熱心幫忙同事，或傾聽別人的疑難雜症，讓人覺得「若他不在這個部門，大家就慘了」。

這種人不僅深受眾人喜愛，大家也都很想跟著他做事。希望大家不要只會做事，更要以讓自己變成這種有人德的人為目標。

不懂如何累積人望的人，可以試著先從留意職場上的溝通交流做起。想要獲得人望，就必須建立良好的人際關係。

良好的人際關係，源自於良性的互動交流。

除了找機會跟人聊天外，也可試著跟大家打招呼，另外，讓自己成為一個細心體貼的人也是很重要的。光是一早開朗地向大家道「早安！」就能為周圍帶來正面的影響。

以前，下班後一起去喝一杯，曾是增進情感與互動的好方法，不過最近年輕一輩的職員，卻不是很喜歡這種「以酒會友」的方式。所以基本上，重點應放在利用上班時間，透過工作跟同事多加互動。

另外，想得到他人的尊敬，就要先懂得尊重別人。當你重視身邊的人時，就自然會想要去幫助他們，或設身處地為他們著想，相對地，對方也會想要反過來對你好。

相反地，老是感覺自己被大家忽視的人，則請真誠地檢討一下，自己是不是也常看輕別人或在做事時自以為是呢？

人望或人德，並非取決於與生俱來的性格。小學生或許只要長得稍微高大點，就能成為班上的風雲人物，但大人或上班族的世界卻完全不是這麼回事。

出社會後的人望，是可以靠自己的努力得到的。另外，虛心想得到人望的姿態，也會增加你的個人魅力。

15 ▼▼▼ 你平常是否會提醒自己要多察言觀色

流行語「KY」，一般來說是指「一個人不長眼、不會按照當時的氣氛和對方的臉色做出合適反應」。換句話說，也就是「不懂得察言觀色的人」。事實上，我也經常會反省自己是不是有「KY」的傾向。

就像大家會說「那個人就是比較KY，有什麼辦法呢」般，大家普遍認為，一個人細心與否、懂不懂得察言觀色，跟原本的個性有關。

不過在我看來，察言觀色卻是一種大家要刻意去留心，並把它養成習慣的一種技能。說什麼「我的個性就是不知道怎麼察言觀色啊」的人，不過是在為自己找藉口，任何人只要用心去注意與努力，就會知道要如何「察言觀色」。

將察言觀色分成兩大部分來思考，大家可能會比較容易懂。

第一個部分就是，觀察自己。

這相當於注意自己「穿的服飾適不適合某個場合」、「言行舉止得不得體」、「發言或用詞遣字會不會讓別人聽了不舒服」等。

另一部分則是指觀察別人。

換句話說，就是注意自己「對於必須做的事，能否在別人開口要求前，就搶先一步動手做好」。比方說，像「事先準備好開會所需的資料」、「跟主管出差時事先做好規劃」等就是。

難就難在，察言觀色並沒有一套正確的做法。我自己本身也還有許多地方需要加強，很遺憾的是，過去甚至還被嫌說「察言觀色過了頭」。這一點，也只能透過自己不斷摸索與學習，才能慢慢拿捏出分寸，除此之外沒有更好的方法。

想要擁有察言觀色的能力，必須靠後天的訓練，並不是一蹴可幾的。希望大家能從二十幾歲就開始提醒自己要察言觀色。在忙碌的工作之餘，還要多方關注自己與別人的狀況，事實上有它的難度，建議大家可以先從電視節目或與工作有關的節目中去學習。

太刻意去迎合別人，有時會給別人逢迎諂媚，甚至是拍馬屁或別有居心的印象。就算你很認真在做，也讓上司覺得你這個人很細心，但看在其他人眼裡，大家只會覺得你充其量是個馬屁精而已。

想避免給別人逢迎拍馬的印象，就要記得經常去關注同事或晚輩，別只將專注力放在上司或客戶等位居高位者的身上。感謝別人幫自己影印，或是在出差後帶個伴手禮回來給大家等等，再怎麼微不足道的小舉動都沒關係，重要的是，一定要做些讓別人會感謝你的事才行。

你需要察言觀色的對象是身邊跟自己有關的所有人。如果你只針對主管或位居上位者察言觀色，那就不要怪別人覺得你是個逢迎拍馬的人了。

16 ▼▼▼ 你是否懂得傾聽別人說話

越是做事能力強或飛黃騰達的人，越懂得仔細傾聽別人說話。

相反地，只顧發表自己高見卻無心傾聽別人說話的人，事實上在組織中是很難躍升高位，更遑論飛黃騰達了。這種人不僅無法適應團隊工作，管理下屬時也是問題一堆。

另一方面，懂得傾聽別人說話的人，會努力去聆聽所有人的想法，不管對方是主管或下屬。這種時候，如果對對方的話只是左耳進右耳出，那就一點意義也沒有；唯有仔細聽出對方在想什麼，或想要向自己表達什麼的傾聽，才是有意義的傾聽。

成功的經營者中，被稱為「一人社長」的人並不少。相信大家在職場上也應該經常會碰到這種強勢的人物，不過強勢跟是否懂得傾聽別人說話，其實是兩碼子事。

強勢而成功的經營者，往往都很擅長傾聽。他們會在傾聽顧客、下屬，或公司外其他的聲音後，再由自己做決策。這些人會被叫做一人社長，只是因為他們不容許別人對他的決策有不同的聲音而已，絕非表示他們單憑一己之見就貿然做決定。

也就是說，**即使是強勢引領公司的一人社長，他們成功的秘密，還是在於他們懂得先傾聽身邊人的意見再下決斷。**

相反地，一個不懂得傾聽別人說話的經營者，哪怕再有先見之明、經營能力再高超，或許公司有一陣子能快速成長，但總有一天一定會碰壁。想要突破這種阻礙，最快的方法也是傾聽與誠懇接受別人的意見，無法做到這一點的經營者，就只能等著公司每況愈下了。

說來可恥，我本身就是那種不大懂得傾聽別人說話的人。所以說，當我跟別人交談時，我都會刻意提醒自己要盡量傾聽別人說話。

然而，上了年紀後，要改掉這個壞習慣還真有點難，希望大家趁自己二、三十歲還年輕的時候，好好養成聽別人說話的好習慣。特別是已經發現自己似乎不太懂得傾聽別人說話的人，更要下定決心改掉這個習慣，否則將來可能很難飛黃騰達。

能否仔細傾聽別人說話，或許跟與生俱來的個性有關，不過，不是這種性格的人，長大後還是很有可能將自己調整成這樣。因此，我希望大家趁早在二、三十歲時，就培養出這種習慣。

這個世上有許多喜歡假裝傾聽，但事實上根本沒認真在聽的人，本人可能以為別人感覺不出來，但事實上對方都清楚得很，千萬要注意喔！

17 ▼▼▼ 飲酒會有它存在的意義

稍早之前，如果說到公司的飲酒會，大家一定會覺得理所當然地要去參加，不過最近卻出現正反兩極的看法，其中甚至有人完全不參加。特別是二、三十歲的年輕人，多半覺得工作跟私生活要分清楚，也就是，有越來越多的年輕人認為，飲酒會中的交流一點意義也沒有，而不願意參加。

就我個人看來，不管你是喝酒或不喝酒的人，都要盡可能參加比較好。事實上，在吃吃喝喝中交際的「飲酒會」，有它存在的意義。

就像「NOMINICATION」*這個字一樣，參雜著酒精的飲酒會，正是進行深度交流的絕佳時機。**就像業務會招待客戶去喝酒的道理一樣，大夥兒圍著一張桌子吃吃喝喝，感覺就是跟平常不同，沒多久就能讓彼此開誠布公，事情更容易聊下去**。它不僅能讓你看到平常工作時主管或同事根本不會表現出來的另一面，也是取得平常在公司中很難聽得到的情報的大好時機。

另外，就算是跟其他部門的人喝酒，也能幫你拓展公司內部的人脈。確實有些人會因為覺得「飲酒會一點也不有趣，根本是在浪費時間」而拒絕參加，但每一個飲酒會的內容都不同，不可一概而論。雖然我極力推崇飲酒會的好處，但並不表示我要大家積極參加所有的飲酒會。

舉例來說，以說主管壞話或埋怨公司等會散發負面能量內容的飲酒會，不僅無趣也不會有什麼收穫，最好是能免則免。

飲酒會的氣氛，取決於參加的成員。一開始被邀請時，大家可能不知道狀況如何，不過參加一次後，大致上應該就能掌握該飲酒會的氣氛，如果發現根本只是個發牢騷大會，那下次就不用參加了。

相同的道理，自己在參加飲酒會時，也千萬不要主動說起負面的事情。邊喝酒邊說別人的壞話，不僅會讓自己的心情變得負面，連帶也會影響到其他的參加者，使氣氛變得晦暗起來。

---

*註：「NOMINICATION」是一日英複合詞。「NOMI—」是日文喝酒的意思，而「—NICATION」則源自於英文的「COMMUNICATIOU」（交際）。代表在吃吃喝喝中交際。

自己主辦飲酒會時，同樣也要盡力營造出開朗愉悅的氣氛。留意說話時要正面，要注意讓整體氣氛更開心。簡單來說，就是要讓每位參加飲酒會的人都能開開心心回家。

再者，千萬不要喝過量。若喝到宿醉，不僅會影響隔天的工作，對健康也不好。要知道，喝酒就是要適量，而且還要開開心心地喝。

18 ▼▼▼ 你是否清楚管理的本質

所謂管理，是指管理統御並培育下屬。想在公司中飛黃騰達，一定要具備管理能力。

一個優秀的業務員，儘管業績再棒，也不可能單憑這點就變成業務處長或部長。想成為業務處長或部長，除了自己的業績要優越外，更重要的是，他必須能提供下屬建議，並在適當的時間點斥責或激勵大家，讓大家的業績一同成長，或提升單位的整體業績。如果下屬的業績絲毫不見成長，哪怕自己的成績再優越，都沒有資格當管理者。

我相信，有許多人都會認為所謂的管理，是指要嚴格對待下屬，讓他們聽話，但事實上這是錯的。**管理的本質是「思考如何讓下屬開心而有效率的工作」**。

會讓下屬「想要死心塌地跟著他」的主管，除了要擁有令人尊敬的工作能力外，最重要的是，能否讓下屬產生「如果在這個主管下面工作，一定能開心做出一番成果」的感覺。如此一來，下屬才會「為了這個主管而努力奉獻」。

這裡所謂的「開心工作」，是指「開心做出一番成果」，絕對沒有「悠閒散漫、工作輕鬆」的意思喔！

讓下屬沒得喘息的嚴厲管理方式，雖然能在短時間內提升業績表現，不過如果只會督促而不懂得提升下屬的幹勁，也是無法長久維持好表現的。

當然，管理時不能只會讓下屬開心的工作，有時也要懂得展現威嚴。此時需要注意的是，你要讓下屬知道你是為了他們好才「斥責」他們，而不是情緒性的「發飆」。

最近有許多年輕的職員一被主管罵，隔天就不來上班了。過去下屬被上司罵，就像家常便飯一樣，現在時代不同，必須要多注意自己「生氣的方式」。反過來說，就是主管在情緒化發飆後，必須要試著去理解下屬的心境，思考為何隔天下屬就不來上班了。

話雖如此，如果主管懂得在斥責時，明確指出下屬哪一點沒做好又該如何改善，相信下屬應該也能感受到你是為了他好，才對他那麼兇的。

開心工作與嚴厲指導，乍看之下或許會讓大家覺得是完全相反的概念，但事實上它就像是腳踏車的雙輪般缺一不可，是管理時不可或缺的兩項重點。只要有任何一樣不靈光，就稱不上是到位的管理。

19 ▼▼▼ 你是否有落實菠菜法則

所謂的「菠菜法則」*就是報告、聯繫、商量等三個字詞的略稱，為社會人士絕對會學到的基本法則。不過，實際工作時，往往不小心就會被忽略。

組織中的事情，不能單靠個人，而必須憑藉團隊的力量來進行，此時，最大的困擾就是無法做到情報共享。一個團隊中就算聚集再多的精英，如果大家只會單打獨鬥，而不懂得要彼此分享情報，就不可能做出令人滿意的成果。想要達到情報共享的目的，基本上就必須落實菠菜法則，也就是報告、聯繫、商量。

大家一定要在二、三十歲年輕時，徹底養成報告、聯繫、商量的習慣。

第一個重點就是，狀況越糟，越要在第一時間報告主管。

我知道大家在遇到難題、客訴等不好的事情時，多半不想讓主管知道，不過若是隱瞞，事情只會越來越糟而已。

一個人獨自承擔一件壞事，這件事就只能靠他自己解決。反之，懂得落實資訊共享，就會有整個小組、甚至是公司出面解決。不用說也知道哪一個比較好。不好的事情發生時，立即連絡相關人員，不僅能得到大家的協助，加速問題的解決，也能將可能對公司造成的傷害降到最低。

另外，遇到瓶頸或有煩惱的事情時，則要盡早跟主管或身邊的人商量。

---

*註：取「報告（ほうこく）、連絡（れんらく）、相談（そうだん）」等三詞的第一個字合在一起後，讀音就是「ほうれんそう」，也就是日文菠菜的意思，所以被稱為「菠菜法則」。

人在工作時，必定會碰到許多令人煩心的事。這種時候，千萬別一個人埋頭苦思，而要懂得找人商量，借助別人的智慧來解決問題。為了莫名其妙的自尊而不去問人，是什麼好處也得不到的。

商量的對象，基本上是自己的主管或身邊的前輩。記得工作上不管碰到什麼疑難雜症，都要養成問主管或前輩的習慣，千萬別客氣。

再者，就算沒有遇到難題或什麼大問題，平常也要經常向主管報告自己的現狀。

我在二十幾歲任職於日商「岩井」（即現在的「雙日」）時，每個禮拜都會主動向主管提出自己做的週報，讓主管知道我都在做些什麼。這麼做，對於我跟主管之間在工作上的交流非常有幫助。

當然，跟自己的主管或前輩不是很合的人應該也不少。這種時候，就不用拘泥著非要找直屬上司或前輩談不可。在別的部門或同期的職員中，找個可以商量的對象也不錯，緊急的時候就會比較有依靠。

20 你是否會努力培育下屬

一個管理者能否得到好評，端視部門的整體表現來決定，單憑一個人的力量就想提高整個部門的成績，其實成效相當有限。因此，管理者其中一項重要的任務，便是培育下屬、將他們栽培成有能力提升成果的人才。

栽培下屬的第一步是要讓他們對工作產生明確的目標，同時明確地讓他們知道，想達成該目標究竟該學些什麼。接著，再想辦法讓下屬有成長的機會。這個時候最重要的事就是，要經常留意自己該怎麼做，才能促進下屬成長。每一名下屬的個性不同，不是將自己的做法原原本本教他們就能如願讓大家都有所成長。因此，看清每個人個性上的差異，再分別給予適當的建議是非常重要的。

比方說，讓下屬自己訂今年一整年的目標也是個不錯的作法。每家公司的狀況不同，有的公司會提供相關的系統或表格，以方便員工訂目標。公司沒有這類機制或表格也沒關係，你可以直接跟下屬討論，之後再一起設定目標。此時，下屬本人的希望，以及上司你的評價標準都必須明確，雙方好好討論過後再來訂目標。

重要的是，要將一開始訂下的目標一直放在心上。如果心裡沒有明確的目標，只是茫茫然地叫部屬去學習新事物，將很難發揮學習應有的效果，也枉費你有意栽培他們的苦心。因此，當下屬達成一個目標後，就要交辦新工作給他做、讓他參加別的研修或派他到國外去出差等，積極提供他各種機會。**下屬獲得的機會越多，經驗就越豐富。要說一個主管最大的價值，就在於激發下屬獨立思考與付諸行動的能力是一點也不為過的。**

遇到已經給他很多機會，卻絲毫不見成長的部屬時，一定要多花點時間去個別指導他。你可以找他好好談一談，想想看為什麼工作的進展會不順利，找出幾個該修正的點後，再給他建議。鉅細靡遺的指導，絕對能讓下屬更加信任你。

當然，指導雖然很重要，不過身為一名主管，最重要的任務還是在提升下屬對目標的達成感，從後面推他一把，讓他們能順利往前進。所以，即使是在指導無法做好工作的下屬時也不要忘記，自己的角色充其量不過是協助部下而已。

另外，有感於未來將是個主管必須擁有球員兼教練般能力的時代，請大家一定要在實際升任主管前，先演練一下該如何培育下屬。比方說，平常要多跟身邊的後輩交流等。大家從二、三十歲起，就要試著在做好自己份內工作的同時，傾聽後輩工作上的問題或煩惱，並提供中肯的建議，慢慢為自己培養出將來管理時所需的協調能力。

21 ▼▼▼ 你是否擅長處理突發狀況

對一名上班族來說，最重要的就是對所有事都要有風險管理的概念。就像二〇一一年泰國突然發生大洪水般，好好的工廠可能會因地震或颱風而停擺、固定往來的大客戶也可能會倒閉，甚至連公司內部的電腦，都可能因病毒感染而導致資料外洩也說不定。身為上班族，自然在平常時就要訓練自己處理這類危機的能力。

想做到這點，第一步就要經常思考，在自己目前負責的工作中潛藏著哪些風險。這種作法乍看之下或許會讓大家覺得有點負面，不過若真希望工作能順利進行，心存風險可是非常重要的。反過來說，**唯有確實掌握風險，才能以積極的姿態，做好衝鋒陷陣的工作。**

還有一點就是，當發現風險確實存在時，我們要如何因應與準備。

商場上潛藏著各式各樣的風險，懂得事先擬好因應對策，才能預防突發狀況的發生。雖然問題不一定真的會發生，不過如果能事先想好風險的因應對策，當意外狀況真的發生時，結果將會截然不同。

平常多做事前準備的訓練，將有助於提升風險發生時的應變力。

第一步，分析自己的工作中存在著怎樣的風險並試著寫出來。就算看起來再愚蠢或發生率再低的事，都要先把它記下來。之後，再從中挑出在實際上發生的可能性較高，或實際發生時會造成極大損害的風險。

條列出可能發生的風險後，第二步便是要具體思考，當風險真的發生時該如何對應。可能的話，則可進一步將思考出的應對方式經常放在心上。

以製造商為例，各位必須預先思考的就是，商品可否如期交貨、商品本身有無瑕疵或缺陷、商品在運送途中發生事故時該如何應對。雖然我們不可能百分百預想出所有風險，也不可能針對所有的風險進行對應，但重要的是要知道，我們應在能力範圍內，事前做好對應風險的準備。

預測風險與處理風險的能力，正是在這個會一樁接著一樁發生令人料想不到的事的時代，最不可或缺的能力。這種高度的風險管理能力，絕對能讓你在職場上得到肯定，進而踏上飛黃騰達之路。

寫在指導手冊上的事，不論是誰都做得到，因此，唯有發生了沒寫在指導手冊上的事時，才能真正看出一個人的實力。大家一定要立志成為一位，連預想不到的意外都能處理並廣受周遭其他人信賴的上班族喔！

當職場氣氛低迷時

這次要大家思考的是，當職場氣氛低迷時，究竟該如何處理。

一個再積極、再努力的人，持續待在氣氛低迷的職場中，情緒還是難免會受到影響。這次個案研究的對象，是個三十出頭、位居團隊領導者也就是課長及一般職員之間的中間幹部。想請大家思考一下，他應該如何解決這個問題。

基本上，當職場或團隊的氣氛低迷時，該負最大責任的就是團隊領導者，也就是課長。

話雖如此，當課長或團隊領導者處理自己的事就分身乏術，沒有多餘心力照顧整個課或團隊時，位居課長之下的科長或主任，就必須率先出來炒熱整個課的氣氛。

觀察最近的職場生態就會發現，位居中間管理職的課長，跟一、二十年前比起來明顯忙碌許多，連照顧整個課的時間都沒有了，更別說要振奮職場的氣氛。

如果有一天，當發現自己團隊裡的工作氣氛不是很理想時，千萬別一副事不關己的模樣，認為「這又不是自己的責任」或「幹嘛要管工作氣氛好不好」，而要主動跳出來解決。這麼做不僅是為了其他成員，對自己本身的成長也很有幫助。

「D在大型的機械製造公司當業務，是位年紀約三十一的中間幹部。他經常要到日本各地去出差，除了回公司開例行會議外，平常少有機會在辦公室或課裡工作，最近待在辦公室的時間增加，這才發現辦公室的氣氛不是很有活力。一開始他還會告訴自己說：『我只要想辦法拉高自己負責那幾家客戶的業績就沒問題了』，沒想到近半年來，全課的業績居然下降了。課長忙著追上自己負責的業績目標，完全沒有多餘的心力去關心課裡的其他成員。請問，被夾在課長與一般職員間的D，究竟該怎麼做比較好呢？」

受到經濟不景氣的影響，相信各位讀者的周遭跟D課一樣，有類似問題的部門一定不少。特別是業務部門，這種狀況更明顯。有時候就算整個課的業績目標已經達成，還是可能有部分人，因自己目標尚未達成，而被搞得快精神崩潰。既然課長沒有多餘的心力處理這些事，D就應該站在課長的立場，用具體的行動來改善整個課的氣氛。那麼，D究竟應該怎麼做比較好？有哪些步驟呢？

〈步驟一〉向課長提出提振職場工作氣氛的企劃案

首先最重要的，不是追究該對課內低迷氣氛負責的課長的責任，而要試著找出課內氣氛低迷的原因，並向課長提出提振士氣的企劃案。比方說，如果職場氣氛會低迷，是因成員間的溝通交流不足所致，便可向主管提議，開個能讓課內成員們集思廣益的會議、辦個聚餐或課內的飲酒會等。職場氣氛會低迷，有時不只是因交流不足，也有可能是某位成員的存在、發言或行為所造成的，有時問題根本就是出在團隊領導者身上。

當低迷的原因出在成員身上時，可找課長商量如何處理這個成員；如果課長本身就是問題的所在時，則可找課裡全部的成員個別出去談談，再技巧性地讓課長自己「注意到」本身的問題。不管是為了團隊或公司，這種時候記得千萬不能置身事外！

〈步驟二〉

展開行動後，重要的是持續追蹤效果

展開掃蕩課裡低迷氣氛的行動後，接下來，就要來追蹤它的成效。舉例來說，如果覺得飲酒會只有在舉辦當下能暫時改善課裡溝通不良的問題，就可考慮定期舉辦；問題出在課裡的成員時，則可拜託課長要求對方注意自己的言行，若對方還是依然故我，不思改善，就再拜託課長去找他談，直到對方改善為止。也就是說，這些行為不是只做一次就算了，而要持續做下去才有效。另外，後續追蹤的動作，多少也會影響到課裡的其他同事，對於改善課裡的氣氛也很有幫助。

D實際去找課裡的每位成員談，並試著從中找出工作氣氛低迷的原因。這才發現，原來最主要的原因是長久以來課裡的整體業績不見成長，讓大家覺得做事很沒成就感的緣故。

於是D便思考，有沒有新的方法能改善目前課裡的業績，讓大家做起事來更有成就感？同時提議，讓課裡的成員都有說出自己意見的機會。平常為了達成業績目標而爭得你死我活，沒什麼時間跟其他成員互動的團隊成員們，對於這類會議，參加的意願自然會比較高。

結果，課裡因為有了這個會議，團隊的成員開始變得願意跟其他成員分享自己在工作上的煩惱與訣竅。也因為有了這個讓大家能夠自由交換工作意見的園地，原本課裡劍拔弩張的緊繃氣氛也慢慢得到了紓解。

最近受到經濟不景氣的影響，很多辦公室的氣氛都變得很詭異。在公司上班時，努力提升成果、實績，讓自己擁有更輝煌的工作經歷固然重要。不過，當自己所屬的單位氣氛低迷時，如果能夠不把它當成別人的事，而以負責任的態度，去思考事情發生的原因、向課長提出建議，並努力改善問題，相信對於你自己未來的管理工作，也會有很大的幫助。

優秀的職員這點不同個案研究

4

當主管比你年輕時

這次要大家思考的是，當公司新來的主管比自己年輕時，「優秀的職員」應該要如何對應？

現在不管你身處哪個業界或公司規模如何，都極有可能遇到年紀比你小的主管。因此，就讓我們一同來思考，當主管年紀比自己小，或甚至是曾經接受過自己指導的下屬時，自己該如何面對才好？

這次要研究的是比自己晚兩年進公司的晚輩成為自己主管的狀況。

「E年紀約三十好幾，在中型的專門公司*擔任業務組長。在某次公司定期的人事異動中，得知一直被派駐在國外、比自己晚兩年進公司的F，即將回國接

*註：日本公司分為綜合公司及專門公司，前者為日本特有的企業，提供多種產品及服務，而後者則是處理特定領域產品的貿易公司，且往往為綜合公司的子公司或關係公司。

任課長的職務，同時成為自己的主管。事實上，E本來以為在這次的人事異動中，自己鐵定會晉升課長。因為E平常跟部門主管G的關係非常好，G曾在飲酒會時告訴他說：「當我升上部長後，希望你能繼續在我下面工作。」不過，等到公司正式發布人事命令那天，自己非但沒有如願升上課長，而且主管居然還是比自己晚兩年進公司的F，這簡直是雙重打擊。之後E跟新主管F在工作上，不知怎地就是不對盤，對於本來暗示要讓他升任課長的部長G，則一直感到不信任。請問，如果E是名『優秀的職員』，他該如何突破這個窘境呢？」

就現在的人事潮流來看，「主管年紀比自己小」是很正常的事，大家應該要學會坦然接受。當然，一開始發現主管年紀居然比自己小時，可能會覺得難以置信，需要些時間適應，不過在這個時代，重要的是必須懂得用正面的心態，去接受這些再正常也不過的事。大家一定要「調整心態」，分析為什麼F能升課長而自己不能，以作為爭取下一個機會的參考。人事異動的決定，受到許許多多複雜的因素所影響。公司的組織規模越大，越容易出現讓人覺得不服氣或不可思議的人事異動。另外，想要頒布一個讓全體員工都滿意或都心服口服的人事命令，也有技術上的難度。因此，未來的上班族，一定要很有毅力，哪怕自己覺得人事命令再不合理，都不可自暴自棄，而要懂得將心力放在下次或下下次的人事異動上，努力往前邁進。

那麼，E應該要如何處理眼前的狀況呢？首先，我認為他必須真誠地做到下列二點。

第一點，「心平氣和接受自己的新主管就是晚自己兩年進公司的課長F，同時努力轉換心態，讓自己更積極投入工作」。

第二點「思考並反省為何自己沒能升上課長」。

人事異動就像是我們前面提到過的，有可能加入了個人喜好或政策上的考量，原因非常複雜。雖然異動並非單純取決於工作上的表現，但我們還是必須再次檢討，為何自己不能順利升上課長。人事異動公布後沒多久，E鼓起勇氣去請教剛升上部長的G，為何最後是升F而不是自己。得到的回答是，E的業績數字雖然很漂亮，對於公司設定的業績目標也全都能達成，但在自己部門裡的人望卻不是很理想。也就是說，E雖然很懂得創造業績，但對下屬的照顧卻不夠，而且周圍的人望也不是很高。所以，E可能是個不錯的員工，但在管理能力方面，則有違大家對他的期待。

之後，E不僅真誠接納新課長F，積極投入工作，還虛心接受部長G的建議，努力照顧下屬，期待在下次或下下次的定期人事異動中，自己能被升任為課長。從長遠的職場生涯來看，升官的機會那麼多，不用因為目前升得比較慢就耿耿於懷。過去我還是上班族時，有位非常照顧我的課長，雖然升官的速度比起同時進公司的同事明顯落後許多，但他一點也不在意，活力十足地做好分內工作，也跟大家維持很好的關係，最後依舊晉升到公司的重要職位。E才不過三十幾歲，我打從心底希望他能記得要每日精進，朝未來升官、升格之路邁進。

第3章

做事一定要有謀略

22 ▼▼▼ 自己擅長的工作是否具有專業性

三十五歲以前，只要做好別人交辦的工作就會得到讚賞。不過，過了三十五歲之後，重要的就是要讓自己在工作上至少有一至二項的專業。

三十五歲以後，許多上班族都已升到組長或課長，成為負責指導及培育下屬的主管，但這並不表示大家只要做好管理的工作就行，也要懂得顧好自己的根本才是，換句話說，就是要擁有自己的專業強項。

每家公司及各個行業的企業文化不同，培育員工的方式也有差異，有些公司會以調動員工到各部門工作的方式，來增加員工的歷練。不過，這種做法最大的問題就是，**很容易讓人陷入經歷的工作種類很多，卻找不到自己擅長領域或專業強項的窘境**。

二十幾歲剛出社會的年輕人，只要努力做好眼前別人交辦的工作就好。過了二十五歲之後，則要慢慢開始思考，將來想以什麼作為自己主要的專業。

當然，在不換工作的情況下，我們不大可能光憑自己的喜好就能選擇工作。以我本身的例子來說，剛畢業時我也沒料到，自己在被公司分發到人事部去做招募新進員工及公司內部培訓課程的工作後，還會被調去當業務。更沒想到，之後我會跳槽去外商證券公司當人事，並在製造業當業務，繼而讓人事與業務成為我的主要工作項目，也就是我的專業強項，最後造就出我目前的人才顧問事業。

人事異動，幾乎都是由公司片面決定，而不會理會員工喜不喜歡。話雖如此，只要我們能勇往直前，努力做好別人交辦的工作，前方的路就會展開。二、三十歲時可以趁年輕多經歷些工作，再去思考哪一類工作最適合自己，以及將來該以哪種工作為重心。

專業領域有一個或兩個都沒關係，大家可以憑自己的感覺或想法去做選擇。就我來說，我的專業領域是人事及業務兩項。雖然當初我完全是憑個人感覺而選擇了以人事與業務當專業，不過因跟現在的人才顧問事業有關，所以從結果來看其實還算不錯。

其中或許有人會覺得「自己擅長的工作是管理」，但這跟專業強項根本是兩碼子事。擁有工作上的專業強項，確實有助於工作上的管理，但基本上還是以能自己做出一番成果為原則。

我的意思並不是要大家一旦過了二十五歲，就急著立刻決定自己的主要專業或未來方向，而是希望大家要經常提醒自己，在三十五歲前想好未來該往哪裡走，確立自己的主要專業強項。

23 ▼▼▼ 工作經歷＝到其他公司也用得到的專業

現在，換工作是很稀鬆平常的事，「經歷」一詞更是理所當然地被廣泛使用著。然而，我相信一定還是有不少人，不是很清楚什麼叫「經歷」。事實上，「經歷」一詞的定義，本來就因人而異。

我自己則是將「經歷」定義為，「到其他公司也用得到的專業」。

比方說，有位員工長期受雇於某家公司，業績表現相當亮眼，在公司內部也得到極高的評價。如果有一天這位員工跳槽到其他公司，工作內容跟以前一樣是當業務，卻很難做出一番成果，那麼過去的那段工作經驗就稱不上是經歷。就像我們在前面提到過專業的重要性般，我認為，一個「經驗」必須在其他公司也用得到才稱得上是「經歷」。

如果現在還跟二十世紀一樣，採取終身雇用制，就算我們身上擁有的專業只能用在目前的工作上也不會有任何問題。不過，時代不同了，現在再大的企業都有倒閉的可能，員工難保自己不會被公司裁員。所以，我們一定要讓自己擁有到其他公司也能用得到的真「經歷」才行。

成天窩在公司的人，不可能知道自己的專業到其他公司後是否仍能用得上。不管你是業務也好，財務經理也罷，第一步就是要增加自己跟公司以外的人接觸的機會，從公司外部得到的情報中，客觀評估自己的工作程度與附加價值。

比方說，建議大家可以多去參加業界的活動、展示會，或是同業辦的讀書會等。一邊跟別人做情報交流，一邊了解自己在目前任職的公司所學到的技能或累積的實務經驗，可否帶去其他公司使用，同時看看自己是不是已經變成井底之蛙。如果比較後發現，自己很難在其他公司交出漂亮的成績單，就必須要進一步去檢討，自己究竟缺乏什麼技能或實務經驗。這個時候，如果有公司外部的人士，願意針對你的經歷提供具有參考價值的意見，那你的收穫將會更豐富。

另外，思考自己的專業到其他公司是否用得到時，有項重點是，要以能化為具體數字，供人做客觀判斷的實績或成果為基準，而不是去看那些不痛不癢的公司內部評價。比方說，若是業務部門，就看業績數字；若是管理部門，則看改善率或降低成本率等數字，去評價自己對公司的貢獻度。

「經歷」並非一朝一夕就能建立起來，所以要從年輕就開始累積。即使沒有換工作的念頭，為了自己的將來著想，也要好好思考怎麼鑽研與努力，才能累積豐富的「經歷」。

24 ▼▼▼ 工作經歷的提升不等於轉換跑道

「提升工作經歷」一詞的定義，跟「經歷」一樣，都會因為使用這個詞的人不同，而出現不同的解釋。

我因人才顧問事業的關係，經常會遇見許多「為了提升工作經歷，而決定換工作」的人，但仔細聊過後卻發現，每個人希望得到的東西都不盡相同。比方說，有些人換工作是「希望展開新事業」，有的人則是「希望到薪水比較高的公司工作」。

在我看來，所謂的「提升工作經歷」，應該是指「累積更多工作經歷」。比方說，以業務員為例，體驗其他類似又不同的業務工作，就等於在本來的業務經歷上，堆疊上新的業務經歷，也就是所謂的提升工作經歷。

二十幾歲社會經驗尚淺的年輕人特別容易誤解，要知道，做跟現在工作性質完全不同的工作，可不叫提升工作經歷喔！

以前，我曾遇過一位原在大公司擔任業務，後來跳槽去下游公司當經營企劃的人。仔細聽他說明後發現，工作內容一點關聯性也沒有。這種情況就不叫「提升工作經歷」，而該稱作「轉換跑道」比較貼切。

提升工作經歷，基本上就是要持續做同種類的職業。業務員換工作還是要做業務員，財務經理換工作還是要做財務經理，前後工作有關連性才能累積工作經歷。

這個概念不僅適用於公司內部的調動，連換工作也是一樣的道理。

比方說，由總公司的國內線業務被調去做業務企劃，之後又被調去當國內分公司的業務、海外分公司的業務等，就是貨真價實的提升工作經歷。至於從總公司的國內線業務變成會計，後來又被調去做商品開發，工作性質一直在改變的，就不叫提升工作經驗，而是轉換跑道。

提升工作經歷，原則上是以累積單一種類的工作經驗為主，不過交互經歷二種工作，也不失為累積工作經歷的方法。我自己便是在做過貿易公司的人事、貿易公司的業務、證券公司的人事、製造業的業務等交互累積兩種工作經驗後，才活用這兩種經驗，踏進人才顧問的世界。如果當初我只單純經歷過人事或業務其中一項，或許現在就不可能從事人才顧問的工作也說不定。因此，我特別將這種交互累積兩種工作經驗的方式，稱為「三明治經歷理論」。

我們無法左右公司的人事調動，也能理解為何公司會希望讓二、三十歲的年輕人多些歷練的想法。不過，還是建議大家最好能在三十五歲前，想清楚自己未來想朝哪一個專業領域邁進，自己現在又該多累積些什麼經歷。

25 創業亦不失為一種選擇

雖然二〇〇〇年新修正的法令，才剛將日本的老人年金支付年齡提高至六十五歲，不過很快地，在二〇一一年十月就又出現將年齡提高至六十八歲的修正案。所幸這項修正案並未通過，但依目前的情勢看來，現齡二、三十歲的年輕人在未來邁入老年時，年金開始給付的年齡，很可能已經提升到七十歲以上。

簡單來說，我們已經進入一個，未來想要安享天年就必須要有持續工作的認知的時代。

話雖如此，日本能接納七十幾歲的老人繼續待在公司工作的企業，實在是少之又少。整個大環境十分嚴峻，連較為年輕的一代，都極有可能因為公司營運狀況變差、海外併購或公司改組等原因，而慘遭公司解雇或被迫提早退休，更別說高齡者了。

考量到今後每個人到老都得工作的狀況，現在的我們就不能老想「賴在」同一家公司。對於到死都想工作的人來說，或許可考慮「創業」。順道一提，我個人就是在四十三歲時創業的，拜這個經驗所賜，我也因此了解到，「四十歲以後的創業」究竟是怎樣的一個狀況。

我相信大家因工作的緣故，一定都有機會認識些自己創業的老闆，也會希望自己在累積足夠的工作經歷後，將來也能出去開公司。

現在，許多企業都力求組織扁平化，大幅減少中間管理階層的人數。因為這個緣故，導致職場上出現許多年屆四、五十歲，一直無法升官，又不被公司重用的員工，簡單來說，就是增加了許多處於公司內失業狀態的人。這些人在過去的年代，除非擁有突出的一技之長，否則就算想要出去闖，也很難找到其他的工作。

為避免自己將來陷入這樣的窘境，年輕時就要有未來可能得出去自行創業的打算，同時為自己的未來做好準備。

那麼，大家究竟該如何為自己的未來做準備呢？最重要的自然是專業工作經歷，也就是實務經驗的累積。創業與換工作不同，不會有人去評價創業者的工作經歷，但一個不具備任何專業的人，即使自行創業，應該也很難成功。因此，未來想創業的人，第一步就是必須先在目前任職的公司拼命工作，累積並提升「工作經歷」。希望大家別老想著，自己只不過是為了領一份薪水，才無可奈何地待在公司工作，要知道，工作是為了自己而非別人，一定要經常保有感恩之心，感謝那些讓你有工作做的人。如果每次公司要你做事，你都覺得很煩，將來怎麼可能會有什麼傑出的表現呢？**哪怕現在的你，還只是個小小的受雇職工，都要提醒自己，平常就得對自己分內的工作負責，培養經營者該有的擔當。**

終身雇用制瓦解，未來前景變得茫然不清。身處這個時代的我們，在思考自己的未來時，一定也要一併考慮「創業」這個選項。

26 ▼▼▼ 你對未來是否擁有具體的夢想或目標

我因為擔任人才顧問的緣故，過去曾接觸過不少成功的上班族與經營者，一般來說，大家多半在二十幾歲時，就對自己的未來擁有極大的夢想與目標。

很少有人是對自己的未來沒有目標或夢想，只會努力做好別人交辦的工作，就妄想總有一天一定會成功的。所以說，一個成功的上班族，其必備條件就是，要能經常具體描繪出自己的人生目標或夢想。當然，即便擁有夢想或目標，都不一定會照著我們的意思去實現了，更何況是沒有夢想或目標，不僅什麼都不會發生，成功最終也不過是一場美夢罷了。

夢想或目標，不一定得是多麼特別或了不起的東西。假設現在的你是二十幾歲，只要能具體勾勒出自己到了三十幾歲、四十幾歲、五十幾歲，甚至是六十幾歲時，想要變成什麼模樣就行了。

此時，可分別從工作上與工作外等兩方面來思考。

目標設定的方式是，先想像自己最後想要達到怎樣的境界，再以往回推算的方式，了解自己若想到達該境界，在各年齡層分別該做些什麼。

假設我們在工作方面設定的目標是，「五十歲時成為目前任職公司的要角，統管整個公司」。

想要達成該目標，我們就必須分別設定「四十歲幾歲時，須加強管理經驗、累積培育下屬的經驗」、「三十幾歲時，須多累積海外的工作經驗」、「二十幾歲時，須加強與自己目前工作有關的知識，成為具備戰鬥力、對公司真正有貢獻的人」等各個年齡層自己該完成的目標。

同樣地，工作以外的事情，大家則可考慮以「五十幾歲時，有棟跟家人一同歡度週末的別墅」、「四十幾歲時，每年跟家人出國兩次」、「三十幾歲時，增加家族成員，精進自己的嗜好」、「二十幾歲結婚，擁有自己的家庭」等為目標。

這些未來的目標，可能會因年齡增長而多少有些改變。因此，目標不是設定好就算了，還要記得利用年終或春天時做檢討，每年更新一次。此時，大家若能好好保存之前設定的目標，往後回過頭來看這些目標時，就能回想起自己當初是怎麼想的。

27 ▼▼▼ 對於不久的將來，你是否訂有確實的行動計畫

我們在前頁已經介紹過分別依據二十幾歲、三十幾歲等年齡設定目標的重要性，不過想將目標連結到實際的行動，則必須建立更短的行動計畫。首先希望大

家思考的是，未來三年的行動計畫。

清楚掌握「自己三年後想要變成怎樣」，會讓原本遙遠的目標變得觸手可及，進而化為具體的行動。

站在人才顧問的立場來看，就像是日本諺語「在石頭上也要坐三年*」般，「三年」剛好可做為每一項工作的區間。比方說，在剛跳槽到一個全新領域，一開始做的又是自己未曾接觸過的工作時，前一～二年的時間，往往無法獨當一面。大概要做個三年左右，才會慢慢熟練起來，這份工作也才會變成自己的工作經歷。

任何工作都是如此，只要集中火力認真學個三年，必定能獲得相當可觀的知識與經驗。

最近我們常看到許多剛畢業的年輕社會新鮮人，才進公司沒多久就立刻辭職，完全不懂不管到任何公司，一開始都有很多事情要學的道理。所以說，哪怕一開始覺得「這份工作好像不太適合自己」，也不用急著辭職，最初的三年應該要好好地待在石頭上，專心做好自己分內的事才對。

像這樣，以「三年」做為一個區間，來設定目標與行動計畫，其實是很有意義的。

三年內的目標，基本上是以完成「26你對未來是否擁有具體的夢想或目標」中，所設定的各年齡層該達成的目標為主。

比方說，如果你所設定的是「二十幾歲時想多累積實務經驗」等較大的目標，那麼你要設定的具體三年目標就是「業績要比現在增加百分之五十」、「申請公司經費到海外留學，取得ＭＢＡ學位」等較為具體的行動計畫。

另外，工作以外的事情，也一樣要設定像是「參加馬拉松大賽，並在四小時內跑完全程」、「儲備結婚基金三百萬日圓」等這樣的計畫。此時如果能像「業績增加百分之五十」或「三百萬日圓的存款」等，在計畫中放入明確的數字，不僅能增加具體性，計畫也會比較容易實現。就連「將吉他學到一定程度」等很難用數字來量化的內容，在這種時候也能用比方說「將吉他練到能在公司尾牙時表演一曲」的方式，讓「一定程度」等抽象的內容變得更具體。

*註：意指要像修行者一樣在石頭上坐三年，石頭才會變暖，工作才能有所成就，類似中文的「有志者，事竟成」。

三年的時間不長，渾渾噩噩一晃眼就過去了，不過，如果大家能好好訂下目標，並認真去實踐，其實就夠做出一番成績了。

28 ▼▼▼ 你是否有辦法設定自己未來一年的行動計畫

設定好各個年齡層的目標與未來三年內的行動計畫後，接下來就要進一步思考作為短期方針之用的未來一年行動計畫。請具體想像「這一年中，你打算怎麼過，或想要達成什麼樣的目標」。

這裡能否訂出明確的行動方針，將大大影響一名上班族能否度過充實的一年，請大家務必要好好做看看。

話雖如此，要一個從沒訂過年度計畫的人，突然製作出一套綿密的方針，真的有點強人所難，而且也會耗費很大的時間及精力。

所以，對於還不習慣訂計畫的人，第一步可先將一年分成「一月～三月」、「四月～六月」、「七月～九月」、「十月～十二月」等四個時期，再分別思考每一個時期，自己想要達成的目標，或希望實踐的內容。做法跟剛剛介紹過的一樣，要分別寫出「工作上」及「工作外」的項目，四個時期×工作內外等兩項，共計要寫出八項。

比方說，工作方面可以是，「一月～三月，用心經營A公司與B公司等兩大主要客戶的業務，讓業績成長百分之三十」；「四月～六月，到國外出差，努力拓展新業務」；「七月～九月，讓已經沒有往來的客戶，重新與公司恢復交易」；「十月～十二月，讓整個課的業績較前年成長百分之二十」等內容。

同樣地，工作外的事項則可訂為，「一月～三月，跟家人一起去滑雪。多益考七百分」；「四月～六月，高爾夫球的總桿數減少十桿」；「七月～九月，利用孩子們放暑假，帶家人出國玩。多益考七百五十分」；「十月～十二月，在國外取得水肺潛水的執照」等等。

每一個項目的內容不用寫得太細，大概只要寫出一到兩點就夠了。方針訂得太細，不僅會讓人覺得很累，再者，貪心寫太多點，也會增加方針達成的難度。以像「本期的目標是○○及△△」等明確的方式來訂，將會比較容易達成目標。

一開始多寫幾點沒關係，只要之後逐一檢視、消除，最後留下最重要的一至兩點就好了。

對於早已習慣製作年度計畫或還有餘力的人，則可試著訂立每月的目標或計畫。這種計畫或目標同樣不用太過詳細，甚至連續幾個月的內容都一樣也無妨。

年度計畫的重點是，不能光在腦中空想，而要確實地將它寫到紙上。如果是用電腦打字，也一定要把它列印出來，放進行程表等眼睛能立即看到的地方。之後，還要在每個月的月底回顧檢討，該季目標是否達成以及目前的進度如何，看看自己是否照著計畫在走。另外，計畫無法達成時，也可自我分析一下，為何目標無法達成，以作為下個月的參考。

29 ▼▼▼ 你是否明確知道自己未來一週的計畫

完成未來一年的行動計畫後，接下來就是未來一週的行程。時間縮短到一週時，不管是行動方針或是工作內容，都會變得相當具體。

以週休六、日的公司來說，想讓工作變得更有效率，度過未來充實的一週，就必須在禮拜六、日時大致決定好下個禮拜要做些什麼。在我以往接觸過的上班族中，工作能力越強的人，越懂得利用週末的時間，想好下個禮拜要做些什麼。具體來說，大家可以把未來一週每天該做的事，如：星期一「跟負責開拓新事業的業務及上司開會」；星期二「蒐集並製作下次開會所需資料」等，大致寫進記事本、電子記事本或日記中。

製作未來一週行程表的目的，是為了讓自己能從容處理臨時插進來的工作，所以製作時，千萬別把未來一個禮拜非做不可的事，密密麻麻塞滿整個行程表。要知道，工作計畫訂得再周詳，有時難免還是會因事情做起來比原先預想的耗時，或是臨時有其他急事插入而亂了計畫。因此，當我們訂計畫時，最好也能預先將突發狀況一併考慮進去。

按照計畫完成的工作，可用紅筆在上面畫個×，其他剩下的工作則用螢光筆圈起來，如此一來，不僅未處理的事一目了然，也有助於工作上的管理。

利用週末的時間做好未來一週的工作計畫，除了能提高工作效率外，也有助於提升隔週的工作幹勁。

我相信每個人到了星期天晚上，只要一想到「開心的週末即將結束，明天又要上班……」，心情就會變得其差無比。特別是當星期一去公司，就得立即處理客訴，或有重要會議要開時，狀況會更慘。

話雖如此，但只要大家利用週末，明確訂好自己隔週的行程，讓自己明白未來一週該做些什麼，心情上就會比較從容，也比較能以積極正面的心態去鼓勵自己「要讓這個禮拜也過得精采充實」。另外，如果隔週要發表重要報告，也會比較有時間將自己調整成最佳狀態。

如果你是那種一到星期天晚上，心情就會變得很低沉的人，建議你利用星期六晚上，或星期天中午前等比較有活力的時間，預先訂立下個禮拜的工作計畫。如此一來，你一定能以更積極的態度，迎接星期一早晨的到來。

30 ▼▼▼ 你是否每天訂立明確的行動計畫

我們已經從某個年紀時該做什麼事，一直訂到未來三年、一年、一週的目標與行動計畫了，最後，希望大家一定要訂立的，就是每日計畫。

我是所謂的「早起族」，每天早上七點左右就會開始工作。不過，每個人運用一天的方式都不相同，簡單來說，每個人一天所擁有的時間，同樣都是二十四個小時，且不管是一週、一年，或者是一生，通通都是一天天日積月累而來。一個人能否成為成功的上班族，取決於他是否能有效運用這個每人都平等擁有的二十四小時。

能否有效度過每一天，關鍵就在於是否能確實訂下周詳的計畫。

事實上，工作表現傑出的上班族，在人還沒到達公司前，就已經在腦中大致想好當天要做些什麼了。利用在家吃早餐、搭電車去上班，或者是上班前繞去買杯咖啡時，一邊喝著咖啡，一邊想像之後一整天的自己，這麼做不僅能提升工作幹勁，也會讓接下來的一天過得更有效率。當然，訂立每日計畫的方法很多，每個人的作法也不盡相同。

就我個人來說，我會先將一天的時間區分成「早上（指『起床後到達公司前』）」、「上午」、「下午」、「晚上」等四個階段，之後再來決定如何使用每一個階段的時間。

除了會議等，時間較為明確的事情，我會直接將其寫進每日的行程表外，其他由我自己獨立作業的事，我就不會把時間訂得太死，只會大致寫上某段時間要做某些事而已。這部分的做法，跟每個人的個性有關，大家只要依據自己的喜好或習慣訂立就好。

另外，還有一個能讓一天過得更充實的重點，就是要經常思考：「若只有五分鐘的時間，我能做些什麼」。

就算我們已經訂好每日計畫，有時還是會突然多出些零碎的時間。這種時候，我們可以預想：「空出一個小時，可以拿來寫企劃」、「現在有二十分鐘，可以打電話討論事情」、「如果有五分鐘，可以拿來回覆電子郵件」等，養成珍惜零碎時間的習慣。基本上，一天本來就是由這些短短的五分鐘或十分鐘累積出來的。**認為「只有短短五分鐘」，而平白讓時間流逝的人，與總是想著「只要有五分鐘，我就能做○○」的積極之人，時間一久就會出現極大的差異。**

最後，這個懂得珍惜「一天只有二十四小時，所以即使是短短的五分鐘都不能浪費」的心態，就會讓人想要努力去思考該如何有效地度過每一天，甚至是如何讓每一年，或這一生變得更有意義。

31 ▼▼▼ 你能否想像自己變成主管的樣子

無法得到下屬尊敬的主管，即使位居管理之職，還是稱不上適任。二、三十歲的年輕人，多半沒有管理的經驗，不過，經常思考將來升官擁有自己的下屬時，自己想成為怎樣的主管，卻是非常重要的。

不被尊敬的主管的共通點就是工作能力欠佳。具體來說，常見的例子包括，只顧自己工作，完全不理下屬；只會動口指揮別人，自己卻什麼都不做；發生事情時只會將責任全推給下屬；只會討好下屬等等。講到這樣的主管，相信大家的腦中應該都會浮現出一或兩位人選吧！

那麼，大家究竟該怎麼做，未來才能成為令人尊敬的主管呢？答案就是，參考自己主管的樣子。我把這個做法叫做「觀察主管」。

如果你無法尊敬現在的主管，你就必須客觀地思考：「為什麼我無法尊敬這個主管呢」。換句話說，就是把他當成自己的負面教材。

相反地，如果你非常尊敬自己現在的主管，你則要分析，「他究竟是哪一點值得尊敬」，並吸收對方的優點。

值得學習的項目，可區分成工作上與工作外兩部分。一個主管是否值得尊敬，基本上多是從工作面來觀察，不過我們若能將視角放寬到在工作以外，對方是否也有值得尊敬的事，說不定能發現平常沒注意到的主管的另一面，進而發掘出對方的優點。

一般來說，值得尊敬的主管的共通點，第一就是必須要具備工作能力。一個不具工作能力的主管，哪怕其他表現再亮眼，也很難得到大家的尊敬。商場上就是這麼現實與殘酷。

另外，是否具備適切的管理能力也是評斷的重點。能讓下屬樂在工作，並提供適度指導的主管，也會得到下屬的尊敬。一個就算受到部長或其他重要幹部的責難，也不會遷怒下屬，依舊讓下屬自由發揮所長，而且當下屬陷入困境時，還能提供援助，讓人覺得溫暖無比的主管，下屬豈有不努力為他效命的道理。

另一方面，也不要成為太過嚴厲的上司，或太寵下屬而不被放在眼裡的主管。好好觀察自己的主管，巧妙掌握嚴厲與寵愛的分寸，自己將來就能成為令人尊敬的主管。

還有，工作能力強，私領域又活躍的主管，也會得到下屬的尊敬。比方說，你主管的嗜好是畫油畫，不僅會定期去參加比賽，還經常獲獎；或主管長年踢足球，假日還會因要當少年足球賽的評審而跟著賽事跑遍全國等，除了工作之外，還有其他強項的主管，就某種程度來說，應該也會得到下屬的尊敬。

如果你的身邊沒有值得你尊敬的主管，你更要好好觀察他，以他為借鏡，趁年輕好好思考一下，自己未來想成為哪一種令人尊敬的主管。

32 ▼▼▼ 你是否將失敗視為是必經過程

沒有人是完美的，所以即使是再有能力的上班族，都一定曾在工作上或私領域中遭遇過失敗。因此，當事情進展不順利時，千萬別消極退縮，而是要提醒自己多正面思考。

成功的經營者，不會將失敗當作失敗，就算遭逢再大的失敗，還是會咬緊牙關，不到成功絕不輕言放棄。而且最後成功時，還會將這段失敗的經驗，視為邁向成功的必經過程。這正是正面思考的最高境界。

絕大多數的人對於「失敗」兩字都抱著負面的想法，所以第一步就是先從改變這種想法做起。就像「失敗為成功之母」這句話一樣，從失敗中得到的教訓，將會帶領我們走向成功。也就是說，失敗本身並不是負面的事，而是「獲得成功的必要條件」。

拜網路所賜，現在的年輕世代能夠從中得到許多情報。不過，也因情報豐富且唾手可得，使得大家因為擔心失敗，而寧可選擇安全或保險的路。但是，這麼做真的好嗎？

比方說，開始學滑雪時，大家只要老實地待在初級班練習，就能享受初學者會有的滑雪樂趣，又不大會發生摔跤或受傷的事情。另一方面，若是挑戰中級班或高級班，不僅比較容易摔跤，摔起來很痛，一點樂趣也沒有。不過，如果因為這樣，就一直賴在初級班不走，將永遠都不可能進步。而且如果有一天，當不得不去上高級班的課時，除了會讓你覺得很恐怖外，還可能會因不知道正確的跌倒方式而摔成重傷。

工作也是同樣的道理。

每個人都害怕失敗。不過，若太過畏懼失敗，自己就無法成長。

當然，因莽撞或欠缺計畫所造成的失敗固然不值得鼓勵。不過，莽撞或欠缺計畫，與勇於接受挑戰是截然不同的。**雖然勇於接受挑戰會增加失敗的經驗，但也唯有如此，才能化為成長的助力。**

年輕時不多累積些失敗的經驗，上了年紀後反而會比較辛苦。年輕人就某種程度來說，比較有本錢承受失敗，過了四、五十歲，就不是如此了。而且，越是在年輕時沒有過失敗經驗的人，越容易在上了年紀後，犯下重大失誤。

請大家千萬要記得，「失敗絕非壞事，而是邁向成功的必經階段」。記得要永遠保持正面思考，趁年輕時多累積些失敗的經驗。

33 ▼▼▼ 你是否做好承擔風險的心理準備

我們在前一個單元中，已經稍微提到過失敗的話題，事實上，三十五歲前擁有勇敢挑戰、不怕風險的心，是非常重要的。

身處這個所有產業都瞬息萬變的時代，沒有誰能保證，你可以一直安安穩穩地待在同一個位置。如果有一天，你突然被派去做新的工作，或被調到新單位，這也沒什麼好稀奇的。甚至其中還有不少工作，是風險度極高、大家避之唯恐不及的。

話雖如此，如果你還年輕又未滿三十五歲，就算這些工作或多或少存有風險，我還是希望大家能把握機會，勇敢接受挑戰。畢竟「火中取栗*」，從長遠的角度來看，對本人來說，絕對是正面的。

比方說，主管要求你：「公司打算成立新的事業部，希望你能參加」或「希望你一起來幫忙，把呈現赤字的公司給救起來」等。一聽到是新的事業部，大家必定會很擔心，萬一將來事業發展不順利時，自己往後的境遇不知道會變成怎樣；另外，拯救赤字連連的公司，不僅成功的機率不高，隨便想也知道，絕對有很多辛苦的事等著自己去做。想到這些事，確實會讓人想逃之夭夭。

不過，我要建議大家的是，遇到這種事時千萬別退縮，反而要「火中取栗」。

請勇於接受挑戰，如果成功了，不僅會是一個很大的成就，讓你變得更有自信，也能提升一名上班族在公司內部的評價。相反地，如果挑戰的結果是失敗的，你也能從中得到相當寶貴的經驗。雖然我曾在「7人事部如何評價不容易看出成果的工作」中提到過做出一番成果的重要性，不過，這樣的挑戰不同，它的過程本身就很有意義。

換個角度來看，建立新的事業部，或重整赤字連連的公司等，都是我們想要經歷卻不一定有機會經歷得到的經驗。因此，就算沒有做出任何成果，這個經驗依然能活用到我們將來的工作上。另外，接受挑戰、累積失敗的經驗，也能拓展人的格局，紓解你對風險的恐懼。反過來說，一個從未接受過任何挑戰的人，等上了年紀後，才突然被派去開拓新事業，那豈不是更難受、更想逃避嗎？

工作的性質不同，風險的內容自然也不一樣，我不能不負責任地說，不管怎樣的狀況，都要勇於接受挑戰，但衷心期望大家能趁年輕，培養出不畏懼承擔風

*註：出自〈猴子與貓〉的寓言故事。猴子騙貓去取火中的栗子，最後栗子讓猴子吃了，貓卻把腳上的毛給燒了。比喻受人利用，冒險出力卻有可能一無所得。

險的氣魄。

而且，一旦決心接受挑戰，就要全力以赴，別再胡思亂想或擔心結果會如何。因為，最後一定會有圓滿結果的。

34 ▼▼▼ 你是否擁有自己獨特的價值觀或信念

其他商業書籍也經常提到這點，對一名上班族來說，擁有自己獨特的價值觀與信念，確實是非常重要的一件事。

希望大家也能在二、三十歲年輕時，找到作為自己人生基準的重要想法或價值觀。聽到想法或價值觀，大家或許會覺得有點艱澀，換個簡單的說法就是，希望大家要有自己的「座右銘」。

比方說，我自己的心裡就一直掛記著下列兩句話。

「我或許粗野，但絕不卑劣*」

「寧為雞首，不為牛後」

在我一九九七年踏入人才顧問的領域時，換工作還不是很普遍的事，一般人對於專做獵人頭的人才顧問產業，多半抱持著「不是很理解或感覺像在騙人」的印象。即使在這種情況下，我還是以自己的工作為榮，認為「人才顧問業對社會很有貢獻，是份意義非凡的工作」，並一路堅持到現在。能夠這樣，就是因為我心裡一直有「我或許粗野，但絕不卑劣」這句話的緣故。

另外，現在的我，能夠擁有這家屬於自己的小公司，也要感謝「寧為雞首，不為牛後」這句座右銘。

正因為有這兩句話的支持，我才有辦法堅持下來，將我現在的人才顧問事業，一直持續做到今天。

只要是工作，難免會碰到瓶頸。每個人或多或少都一定經歷過無法立即突破的窘境，要不是走進死胡同繞不出來，就是突然失去信心，不敢朝自己原先的目標勇往直前，等回過神來，才發現自己早已走偏，或根本是朝反方向前進。**這個**

*註：日本國鐵前總裁，石田禮助在就職時所說的名言。意味自己的言行與外表雖然不稱頭，但思想與行為卻不卑劣。

時候，在一旁支持你，指引你前進的方向，為你重新點燃前進動力的，就是你的**價值觀與信念，也就是所謂的座右銘**。

從自己的價值觀或信念中尋找座右銘時，最重要的就是別盲目聽從別人的建議，而要懂得挖掘出自己獨有的東西。

想要找出自己獨有的座右銘，平常就要多看書。不只是商業書籍，閱讀《論語》，甚至是中國古典書籍或小說等，都對大家找座右銘很有幫助。

找出並擁有自己的價值觀或信念固然是件好事，不過太過執著於自己價值觀或信念，則反而有害。千萬不要因價值觀或信念而變得不知變通。價值觀與信念，就像是自己的原點，任何時候都不要被它牽制，只要懂得在煩惱或困擾時求助於它即可。

35 ▼▼▼ 你是否希望擁有自己獨特的生存方式

在二十世紀前的日本社會，每位上班族心中都有典型的「幸福生活藍圖」。

比方說，「進入大企業工作，十年後升課長、二十年後升部長、最後飛黃騰達成為公司要員。私生活方面則是結婚生子，擁有自己的家庭、房子以及車子」等，這就是一般所謂的「幸福生活」。

不過，後來這個世界發生巨大的轉變。終身僱用制瓦解，再大的公司都可能有突然倒閉或被海外公司併購的風險。事實上，以最近發生的事為例，應該沒有人想像得到，東京電力與 OLYMPUS 等號稱優質企業的大公司，居然會面臨現在這樣的窘境*吧！

在這個瞬息萬變的現代社會中，能夠擁有自己獨特的生存之道或幸福感的人，反而是一項優勢。

當然，身邊有個值得尊敬的主管，或許會讓人自然產生想要「擁有跟他相同的人生」的念頭。不過，大環境一直在變，即使你以這位主管為目標，照著他的方式過活，也不保證你能變得跟他一樣幸福。太過固執於其中，腦筋又不懂得變

*註：東京電力公司於二〇一一年日本三一一大地震時，發生福島核電廠事故。OLYMPUS 這家相機公司，則是陷入公司破產、重組的困境。

通，反而可能會讓你離圓滿的人生越來越遙遠。

想要擁有自己獨特的人生，就不能被其他人的價值觀影響，重要的是，你必須清楚明白，擁有最後衡量權的人是「自己」。只要能有這樣的認知，你就不會被社會或其他人的價值觀牽著鼻子走，自己也會過得更從容。因為你比別人多了柔軟性與靈活度。

我們在「33你是否做好承擔風險的心理準備」中也提到過，維持自己獨特的生存之道，就能從容自在地處理各種狀況，同時化解所有的危機與風險。因此，大家一定要趁二、三十歲還年輕時，養成追求自己獨有的生存之道的習慣。如此一來，或許將來連對「火中取栗」都不會感到抗拒也說不定。

自己獨有的生存之道，在某些情況下，可能會遭到自己周圍的人，特別是年長者的質疑，無法理解自己為何會這樣。

以我自己為例，過去我在三十歲斷然決定辭去任職許久的日商岩井（即現在的「日雙公司」）的工作時，周圍的親朋好友都紛紛跳出來勸阻，直說：「好可惜喔！做得好好的，幹嘛要辭職啊」。不過，最後我還是貫徹了自己獨特的生存之道。能有這樣的結果，就是因為我不被周圍的意見影響，勇敢踏上自己相信的路的緣故。

36 ▼▼▼ 你是否有崇拜的對象或人生導師

一個人想要成長，最好的方法就是擁有一位讓自己打從心裡尊敬、值得自己學習的對象，這點不只適用在商場上，其他方面也行得通。希望大家在二、三十歲還年輕時，就能找到這麼一位值得自己學習的對象。

這個對象，可以是你職場上的前輩或主管，也可以是職場外的其他人士。不過，建議以年長自己五到十歲者為佳。

有些年輕人或許心裡會想：「我的身邊連一個值得尊敬的人也沒有」，但把話說得這麼絕，其實相當可惜。我們雖然沒有必要硬從周圍的人中找一個來學習，不過稍微留意一下，應該還是找得到讓你有「想變成跟他一樣」感覺的人吧。

還有，除了身邊值得自己學習的對象外，最好也能找位自己人生上的導師。

這種時候，雖說向坂本龍馬或史帝夫·賈伯斯等已故偉人學習也很重要，不過如果能夠找到一位在自己遇到瓶頸時，能直接見面商量的導師，豈不是更棒？這種人不只能跟他們聊工作上的事，也是我們可以商量人生中大小事的「老師」。

在我過去接觸過的成功經營者中，有許多人都曾在年輕時，積極拜訪過某些大人物，並將他們視為自己的導師或模範。就連我自己也曾這麼做過，所以，**如果有人讓你覺得很想把他當成人生上的導師，哪怕他看起來再怎麼遙不可及，都要先試著去見他**。若幸運，或許還能跟他說上幾句也說不定，這麼做絕對會成為你極大的財富。

挑選自己的導師時，有一點必須注意，就是不要迷信一般所謂的名牌。因「對方是經常出現在媒體上的名〇〇」或「因他是某大公司的老闆」等理由，就選擇某人作為導師，這是一點意義也沒有的。千萬不要太過在乎知名度的高低，要自我反省，腳踏實地去判斷，選擇價值觀跟自己合得來，又真正值得尊敬的人為導師。

另外，建議盡量不要選擇跟工作有直接利害關係的人。比方說，即使跟自家公司有往來的公司老闆很優秀，不過因為雙方在商業上有利害關係，所以應該很難維持純粹的師徒關係。

如果有幸找到自己人生中的導師，並與他見上一面，就算無法頻繁見面也沒關係，只要能定期去拜會對方就好，這也算是一種人脈。不過，如果不能定期見面，將很難成為真正的人脈。這種時候，千萬不要因為對方是年紀較長的導師，就過於恃寵而驕，記得要經常保有感恩之心，帶個伴手禮到對方家去走動走動。

向導師虛心學習的過程中，或許有一天你也能夠成為別人想要學習的對象也說不定。

因跟主管處不來而問題叢生時

這次要思考的是，因跟主管處不來而問題叢生時，該如何處理？

「任職於貿易公司，現年二十好幾的H，最近跟主管I處得不是很愉快，因而失去工作動力。H跟以前的主管關係很好，工作起來也很順利，相較之下，現在的主管I則不是很令人尊敬，害得H每天早上去上班時，都覺得意興闌珊。H真的很煩惱，擔心如果這個狀況再繼續下去，自己是不是該辭職或換工作。請問，這位H究竟該如何突破困境呢？」

從結論來說，我希望H不要走上離職一途，而要用積極改變行為的方式，來化解自己與主管I的關係。煩惱自己跟主管相處不好，是無法自己選擇主管的上班族的宿命。不過，從我以往人才顧問的經驗來看，真正因換工作而解決問題的人，其實少之又少。為什麼我會這麼說呢？因為，會因人際關係而離職的人，多半自己本身也有問題，所以即使因換工作而改變了工作環境，還是會在新的職場上，產生新的人際關係問題。因此，當我們因跟別人相處不來，而產生諸多困擾時，我們反而要把它視為一個好機會，一個讓我們的人生變得更美好的正面經驗。

那麼，H究竟該如何正面處理這個問題呢？

⑴ 徹底忘記自己跟以前主管關係有多好，並以真誠的心態接納新主管I。

下一步則是，

⑵ 站在主管I的角度來看事情，提醒自己要多跟他溝通，讓他能夠理解部下H（也就是自己）正在採取行動，以讓工作做得更好。

重要的是，一定要認清「我們是別人的下屬而非主管，所以應該由我們這方主動去觀察主管的想法，並努力去接近對方，而且絕不輕言放棄」。

想要修復過去的摩擦，確實不是那麼容易，不過，只要我們能將言行舉止修正成主管較能接受的樣子，相信主管I的態度，也一定會跟著改變。重點在於，絕對要有恆心毅力，一直持續做下去。前一個月到數個月，先努力增加跟主管I對話交流的機會，哪怕一開始有點尷尬或不順利，只要你能一邊強化交流，同時又積極投入工作，相信即使是再棘手或降到冰點的人際關係，也會慢慢溶解的。H在整個組織中，充其量不過是I的下屬，只要H能努力投入I的懷抱，I怎有不敞開心胸迎接的道理，一切只是時間早晚的問題而已，說不定將來甚至連H的工作表現都會得到I的接受與肯定。

我聽大家談過各種跟工作及人際關係有關的經驗，其中有不少是下屬靠自己的努力，讓自己跟主管的關係變得更美好的。像這樣，在錯誤中學習，主動改善自己跟主管間互動的經驗，正是一個人向上成長的最好證明。

優秀的職員這點不同
個案研究
6

在會議中因意見不合而產生糾紛時

這次，我們要觀察的是一位「優秀的職員」，該如何處理會議糾紛？我個人也不是很喜歡開冗長的會議。過去任職於大公司時，從早到晚都在開會，時間幾乎都被公司內部會議給佔據，特別是當會議中發生糾紛時，開會的時間還會被迫延長，超出預定時間許多。現在回想起來，還真令人懷念！依目前的趨勢，開會除了要集中火力，在短時間（最長不超過一小時）內開完外，負責主導會議的主席，在會議進行時，還要努力引導大家做出結論，最好在會議結束時就有結論。

這次的個案，是以集結各個部門，也是最容易發生糾紛的全體會議為例，希望大家能思考一下，應該如何處理比較好？

「J年約三十出頭，在個人及家庭用品公司當業務。今天的全體會議非常重要，不僅集結了製作部、設計部、研究開發部、採購部、業務部、行銷企劃部等各大部門，同時還要決定新商品從製造到販賣等整體進度表。全體會議在開會時總是會有糾紛，擔任會議主席的J於會議當天一早，胃就一直不停抽痛。而且，在他一如往常宣布會議開始後，就立刻出現糾紛。負責掌控生產工廠的製造部，埋怨公司提出的進度表上製造時間太短與交貨時間太緊迫；相對於製造部的主張，採購部及行銷企劃部的代表則表示，預定販賣日期是不能更改的，會議因此陷入紛爭。如果J是名『優秀的職員』，此時，他應該怎麼對應呢？」

首先，如果全體會議的紛爭是可以預測得到的，J可在事前先去拜會各個部門，看看是否需要協調或調整會議的內容或方向。所謂的事前協調，其實就是「試水溫」，站在一個引領會議進行的主席的立場，J確實有必要提前做好會議走向的預測才行。如果J能預想到會議時會出現反對意見，同時又能在事前掌握製造部對交貨日訂在何時才會妥協，再將進度表調整成其他部門也能接受的狀況，在真正開會時，就有可能避免掉一場不必要的紛爭。

簡單來說，想要預防會議糾紛，就得在事前稍微預想，這個會開下去會得到怎樣的結論，並依據該預想來決定會議該怎麼進行。之後，再依據自己的預測來進行事前協調，也就是「試水溫」，這樣就能避免掉絕大多數的會議糾紛。

那麼，如果J已在事前跟各部門協調過或試過水溫，但糾紛還是發生了，那又該如何處理呢？這種情況下，主席J必須讓與會者盡情發言，同時真誠接受對方的意見。千萬不要因為自己已在事前做好充分的準備與佈局，沒想到會議還是發生衝突就硬要進行阻止，這樣反而會帶來反效果。讓想發言的與會者隨心所欲地發言固然重要，但有沒有辦法在大家盡情發言後，將會議拉回自己原先設想的結論中才是重點。因為一個主席最大的責任，就是在收集各式發言，及慢慢地引導大家做出結論。比方說，你可以將大家的發言全寫到白板上，讓大家知道你能接受所有的發言。一個不稱職的主席，會使會議無法出現明確的結論，導致相同的議題還要留到下次的會議去討論。因此，如果J是位「優秀的職員」，就絕對要讓這次的會議有結論，哪怕有些議題，確實需要留到下次的會議去討論，也一定要設定期限，讓大家知道該議題需於什麼時候前解決，才能結束這場會議。

簡單來說，為避免在重要會議中發生糾紛，重要的便是做好事前協調與試水溫的工作。確實做好事前協調，會議在進行起來也會比較順利。像這次案例中的全體會議，只要大家平常多花功夫練習事前協調，會議就會比較容易圓滿結束。當出現不可預期的意見，導致會議發生紛爭時，能否冷靜應對，讓對方完整表達自己的意見，再將對方引導進結論中，正可看出主席的功力，同時也是「優秀的職員」J應該扮演的角色。

第 4 章

飛黃騰達者的共通點

37 隨時注意時間管理

在工作中，對時間的感覺，也就是時間管理的概念，是非常重要的。不管手上負責的是怎樣的案子，永遠都要有完成日期的概念，知道「自己必須在什麼時候前完成」。在不是很清楚完成時間的狀況下工作，做起事來很難有效率。

除此之外，就像我們在第3章中提到過的，做事時也要能大致預測出，未來一年或三個月等一定時間內，自己該做些什麼才行，也就是要有所謂的進度管理概念。以自己對未來的預測為基準，分別訂立每月進度、每週進度，最後是每日進度。

經常留意時間，一邊工作一邊管理進度，這就叫時間管理。

最基本的時間管理，就是必須決定「優先順序」。

忙碌的上班族，手上多半同時有好幾件事情要處理，這種時候，必須先釐清完成日期的先後，決定哪件事情要優先處理。接著，再依據自己排定好的先後順序，有效率地完成工作。就能在有限的時間裡，處理完許多工作，同時不會降低工作的品質。

進行時間管理，重要的是設定目標。雖然在交期內完成工作也是一種目標，但進行時間管理時，目標要分得更細，設定「在今天晚上六點前完成」等具體目標，將會讓事情進行起來更有效率。簡單來說，可歸納成下列公式：

「時間管理＝決定優先順序×目標設定×效率」

二、三十歲的上班族，多半排斥做單純的制式化工作。雖然這類工作不全然是在浪費時間，不過若稍有不慎，確實很容易變成生產線上的一環。做這些事時，千萬不要茫茫然地，只會將東西由右拿到左，而要養成動腦思考，如何讓單純的制式化工作，變得更有效率的習慣。

另外，工作除了重視結果外，學習在各種工作過程中找出更好、更有效率的做法，養成思考優先順序及效率的習慣也是非常重要的事。若工作有效率，就能比預定的時間提早完成工作，時間上也會變得比較充裕。多出來的時間，不僅可以拿來喘口氣，轉換一下心情，重要的是，還能利用這段時間來思考，是否有其他能夠提升工作品質，或能更快速、更有效率完成工作的方法。

過去，我跟勝間和代大師對談時，她曾說過：「希望對工作已經駕輕就熟的二十五歲以上上班族，能夠具備健全懷疑及觀察工作的能力」。**只會一個口令一個動作的人到處都有，大家一定要懂得懷疑別人的指示，努力嘗試錯誤，從中找出更好的方法。**

38 ▼▼▼ 會留心自己的服裝儀容

我們在「15你平常是否會提醒自己要多察言觀色」中也曾提到過服裝儀容的重要性。即使是二、三十歲的年輕人也鬆懈不得，要記得自己已經是名上班族，平常就要多留心自己的服裝儀容，讓自己不管走到哪兒都不失禮。

最近因為COOL BI＊1及casual Friday＊2等運動，上班不打領帶，似乎成為極理所當然的事，整個社會更是瀰漫著一股休閒時尚風潮。我絕對無意要否定這樣的潮流。

話雖如此，穿著太休閒的服飾去上班還是不好。穿衣的基本原則就是要配合時間、地點、場合（即TPO）來穿，除此之外，服裝是否適合去拜訪客戶，也是判斷合宜與否的指標。

另一方面，我們也看過一些不是很注重服裝儀容，主張「人重要的是內在，而不是外表，只要工作表現好就沒問題」的人，其實這麼說並不正確。在商務的世界裡，大部分人都會以貌取人。我們自己怎麼想根本不重要，因為最後做判斷的人是對方。**不管我們對自己的內在再有自信，只要不能讓第一次見面的對方得到相同的感覺，就一點意義也沒有**。內在固然重要，外表也是馬虎不得。

從我自身的經驗來說，我從沒見過哪一位成功的經營者或商務人士的服裝是邋遢不堪的。

服裝最重要的雖然是要合乎場合，同時不能違反禮儀，但也還要加上自己的品味。充滿品味的穿著打扮，將能大大提升別人對你的印象及好感。

說到品味，並不是要大家一味地追求名牌，而是希望大家平常能多翻翻流行

*註1：日本政府為響應節能減碳，所推行的夏季輕裝上班運動。
*註2：美國多家公司聯合發起的周末便裝日運動。

雜誌，或請常去光顧的服飾店店員給自己建議也不錯。重要的是，必須要懂得關心自己的穿著。

比較值得注意的是，千萬不要表現過度。別穿不合自己身形的衣服。特別是西裝，本身就跟休閒服飾不同，只要稍微留意一下，就能展現自己的個性，千萬不要太矯枉過正。

禮儀方面，夏天容易流汗的人，特別要注意如何不讓別人有不舒服的感覺。我們能夠理解業務要在大熱天裡跑進跑出，流得滿頭大汗也是莫可奈何的事，不過，穿著整件被汗水浸溼的襯衫，看在別人眼裡，也不是件多麼舒服的事。我本身也很會流汗，所以一到夏天，我就會多準備幾件替換用的襯衫，依照實際需求，在去拜訪客戶前，到廁所去換上乾淨清爽的襯衫。

請大家務必要記得，不讓別人看了不舒服的最大原則就是服裝要得體。

39 ▼▼▼ 會注重打招呼或用詞遣字等基本禮儀

就像日本諺語「以一知萬*」般，工作表現傑出的上班族，也同樣重視基本禮儀。上班族要懂的禮儀非常分歧繁多，即使是自認很有禮貌的人，也請跟著我們再確認一遍吧！

我個人特別在意的是「打招呼」與「用詞遣字」。

打招呼是開啟溝通的門。打招呼時，並不是發出聲音就好，重要的是要用心，而且要好好地點頭示意。**話語中有所謂的靈魂存在，打招呼時，如果只會講些形式上的客套話，實際上卻一點也不用心，對方其實是感受得到的。**請大家在打招呼時，一定要放入敬意，還要表現得親切、有活力。

用詞遣字有三項重點，亦即「易聽」、「易懂」與「不傷害對方」。

*註：意味從一件小事，就能推測出其他事。

大家都知道說話要用敬語，用詞遣字要得體，不過大家可能不知道，說話速度太快也是很不禮貌的。這點其實我沒什麼資格說大家。自覺說話速度太快或太含糊的人，平常要多提醒自己盡量放慢說話的速度，耐心仔細地把話說完，讓別人不必重複詢問或跟你確認就能完整掌握你要表達的內容。

另外，詞語的使用及表現方式也很重要。就像有些人說話很容易讓人誤解或曲解一樣，明明沒有什麼特別的意思，但偏偏對方就是被自己的話給刺傷了。因此，說話時除了要注意時間、地點、場合外，也要配合說話對象與狀況，選擇適合的字句。再怎麼禮貌的用詞遣字，只要讓聽的人感到不悅或讓對方有不舒服的感覺，就一點用也沒有。

注意電話中的應對方式也是很重要的。

最基本的就是不管打給別人或接聽電話時，都要先報上自己的名字。還有，如果電話是由自己打出去，事情講完時，一定要等別人掛完電話，自己才能將電話掛上。

前項所提到的服裝儀容，也同樣是重要的基本禮儀。特別是如果當天約了客戶要見面，事前一定要站在鏡子前仔細地確認，看看自己的服裝合不合時間、地點、場合，鼻毛或指甲會不會太長，頭髮是否整齊沒亂翹，肩膀上有無頭皮屑等。

其他像遞交及收受名片的方式、不小心可能會遲到時，一定要先連絡對方以及主位、客位的區分等，事實上，商務上要注意的基本禮儀其實還不少。相信大家在剛出社會時，應該都學過這些禮儀，不過，現在書店裡相關的書籍很多，如果能從中挑一本買回家重新閱讀，應該會滿有成效的。

商務禮儀，不是一朝一夕就能學會的。希望大家盡量在年輕時，就讓自己具備基本的知識，時時提醒自己，並努力加以實踐。

40 ▼▼▼ 平常就會用心整理與清掃

最近商業雜誌中，經常出現「整理術」或「捨棄的技巧」等內容。基本上，工作表現優異的上班族，辦公桌周圍通常也很乾淨。

我們常聽人說，整理會讓工作變得更有效率，事實上，桌上資料堆得亂七八糟的人，工作效率確實比較差。

另外，清掃也很重要。

前巨人隊的桑田真澄選手，曾在一場演講中提到，他在PL學園*時，一早起來，就會趁其他隊員沒有發現時，一個人自發性地去清掃廁所。他還告訴大家，雖然他不知道這樣將別人看不見的地方打掃得乾乾淨淨的作法，跟打棒球有沒有直接的關係，但對他個人來說，卻是非常有益的一件事。

我自己過去也曾有段時間會自動自發去打掃廁所。剛開始做時，還對自己的做法感到半信半疑，心想，這麼做真的有意義嗎？但實際做過之後發現，不僅是廁所變乾淨了，連心靈都像被洗滌過般清新舒暢。由此可知，清掃，除了能維持自身周圍的清潔外，連心靈也能變得乾淨。

據說，有些公司會要求全體員工，一早進公司要先打掃辦公室，最主要的目的，就是要維持心靈的清潔。

想成為工作表現卓越的上班族，就必須懂得整理及清掃。大家或許會覺得，打掃跟工作沒有直接關係，不過清潔的環境，確實是讓人做好工作的重要因素。忽視環境的整齊清潔，工作品質也好不到哪裡去。

這點不僅適用在辦公室，連私人的居住空間也一樣。

整理的基本原則，首先就是要捨得「丟掉」不必要的東西。因莫名其妙的堅持，而死守著某樣東西不放，桌面永遠都不可能變乾淨。最近各個辦公室都在努力推動無紙化運動，趁這個機會，趕快將用不到的資料或書籍通通丟掉吧！

狠下心來丟掉這些東西後，心情也會變得很輕鬆。這是因為**丟掉一些陳年老物，等於捨棄莫名的堅持與先入無主的觀念，心靈自然會跟著重新歸零**。我相信許多人都不懂這個道理。進一步來說，捨得丟東西，說不定還能讓人成長。

整理乾淨後，為了維持這樣的狀況，就要督促自己每天勤做整理。心存「亂了之後再整理就好」的心態，沒多久就又會回復成原本亂七八糟的模樣。時時提醒自己，每天工作完畢離開辦公室前，一定要將散亂在桌面的書籍或資料整理好，回復成整理過後的狀態。

具體的整理或清掃方法，目前市面上有許多的相關書籍可供參考，建議大家從中挑選一本適合自己的來實踐就好。適合別人的方法不一定適合你，一個不適

*註：日本棒球名校。

合自己的方法，就算再努力想實踐它，也不可能持續貫徹下去的。

41 ▼▼▼ 不斷提升自己的英文能力

未來，即將進入一個懂英文是理所當然的時代。

最近需要用到中文等其他語言的機會 雖然增加了不少，但基本上還是以英文為主流。

九〇年代，電腦剛開始普及的時候，社會上頻傳「若未來不會用電腦就沒辦法做事」，導致完全沒接觸過電腦的中高年人，全都努力去學電腦，好讓自己具備電腦的技能。到了現在，具備電腦技能已經成為理所當然的事，若說不會使用電腦就沒辦法做事，還真的一點都不誇張。

目前，英文就跟九〇年代的電腦技能一樣，面臨相同的狀況。現在不會說英文，可能還不會有太大的影響，不過到了五年或十年後，英文將成為上班族必備的技能。**可以預見，過去「會英文就可拓展工作領域」的狀況，到了未來將會變**

成「不懂英文必會縮小工作領域」。

樂天與Fast Retailing特意對外宣布將英文當作公司內部的公用語而造成不小的話題，就是因應這股趨勢所使然。所以，今後就算出現類似的企業也沒什麼好稀奇的。這種時候，請大家不要光顧著批評這樣的做法是好或壞，重要的是，要誠心接納社會上已經開始出現這種企業的事實。

英文程度，以多益來說，至少要考到七百分才行。考得到七百分，應該就能進行商業行為。如果你不會說英文，或會說英文但多益成績不滿七百分，請務必要多花些心思在學習英文上。學習英文的方法很多，重要的是必須找到適合自己的方法。

不知英文該從哪裡開始學起的人，第一步可先將重點放在聽與說上，加強這兩項的練習。閱讀能力方面，大家在義務教育中都學過，相信應該還有一定的程度才對。首先，就將學習的重點放在大家比較不習慣的「說」與「聽」上吧！

就算多益考試成績曾到達七百分的人，也可能因為平常不用而忘得一乾二淨。如果你目前在工作上或其他地方都用不到英文，最好定期去英語補習班上課，以讓自己的英文程度可以繼續維持下去。

另外，盡量到國外接觸當地的英文也是有必要的。最近去國外的機票變得很便宜，建議大家可以利用週末，到鄰近的國家走走，讓自己有機會實際運用到英文。

我相信有不少人都會將精力放在考取證照上，不過，未來大家應該會更重視英文能力的鍛鍊才是。

42 ▼▼▼ 注意自己的健康與體力

想要做好工作，最基本的就是要有健康。要說健康的身體是萬事萬物的泉源，可是一點都不誇張。

老是覺得身體不舒服、體力差，或一下子就累了的人，哪怕擁有再高超的商業技巧或再豐富的好點子，都很難發揮十足的成效。更慘的是，身體狀況不好，還可能會把人的想法或感覺，帶往負面的地方去。**對於一名想要成功的上班族來說，維持健康及增強體力，就跟商場上的實務能力一樣重要。**

年輕的時候，每個人都是要健康有健康，要體力有體力，不過，不懂得注意自己健康的人，上了年紀後，就會發現自己的體力大不如前，身體到處出毛病。到了那個時候才來注意身體健康，早就為時已晚。趁年輕又充滿活力時，就要注意自己的健康，努力維持身體狀況，讓自己就算上了年紀，依然擁有滿懷幹勁與活力、能持續工作的身體。

那麼，究竟該怎麼做才能維持健康呢？基本上，就是要適時地活動身體。特別是年輕人，一定要有定期運動的習慣。稍微有點年紀的人，想要維持健康，健走會是個不錯的選擇；至於年輕人則可每個禮拜固定去運動或上健身房健身。我自己現在也會定期去跑步、上健身房及游泳，以活動活動自己的身體。

最重要的是要能持之以恆。運動沒幾天，就因三分鐘熱度而作罷，那就一點意義也沒有了。所以，一定要好好選擇一個適合自己且能輕鬆持續下去的運動。

比方說，打棒球時，兩隊球員的人數必須要有十八人才能開打；網球卻只要兩個人就能進行比賽，對忙碌的上班族而言，後者就是比較容易持續下去的運動。最近在上班族間大為流行的慢跑與鐵人三項之所以會那麼受歡迎，其中一個原因應該就在，即使只有自己一個人，也能隨時去練習這點。

另外，相較於從前，現在會去接受健康檢查的年輕人也增加了。才二十幾歲，血壓、膽固醇或肝臟等的數值就不是很理想的也大有人在。疾病，以早期診斷、早期治療為原則，記得每年都要接受健康檢查喔！

飲食習慣也很重要，要多注意自己是否攝取過多的卡路里，以及營養的攝取是否均衡等。擁有飲食或營養方面的知識，是現代上班族維持健康時所不可或缺的因素。雖然不需要非常仔細去做確認，但至少要養成注意相關資訊的習慣。

再者，飲酒過度是搞壞身體的元凶。如果你現在過的是每天都喝到爛醉的生活，想要擁有好的工作品質，就要好好改善這個狀況。

千萬要記住「健康的精神，藏在健康的肉體裡」這個基本的道理，並將它落實到日常生活上。

43 ▼▼▼ 擁有財務會計的知識且很有數字觀念

跟工作能力卓越的上班族或優秀的經營者聊天，你會發現在對話中經常會出現許多數字。

比方說，如果談到業績相關話題時，他絕對不會抽象地告訴你「業績較去年大幅提升」，而會有意無意地用具體數字來回答問題，如：「業績大概比去年成長了百分之〇」等。

他們會這麼做，不只是因為他們知道在談話中加入數字會讓自己的話聽起來更具體、更有說服力，也是因為他們明白，思考時加入數字所做的商業分析會比較客觀，下的判斷也會比較正確。由於他們平常就有用數字思考的習慣，所以業績等數字，並不只是整齊排列在腦中，而是拿來被比較用的。

在二、三十歲還年輕時，就開始培養這種用數字思考的習慣吧！

尤其是財務會計等相關的知識，這些對於一名上班族來說更是重要。

所謂財務會計，是指以數字來表現公司狀況，以及今後該朝哪個方向去發展的方法。**未來的上班族，不管職務性質為何，都必須具備閱讀財務報表以及了解公司營運狀況的能力。**

比方說，業務就可運用財務知識來判斷新開發客戶的信用狀況為何。有些公司乍看之下雖然營運狀況不錯，不過經財務報表分析後，卻發現實際上早已岌岌可危，瀕臨破產邊緣。

就算是業務以外的人事、總務或研究開發等，乍看之下似乎跟數字無關的部門，只要懂得用數字觀察自己的公司，就能養成站在經營者的角度去判斷事情的習慣。懂得站在經營者的立場來做事的人，不管目前的工作性質或職業類別是什麼，對於一名上班族來說，都是未來不可或缺的重要技能。

財務會計的知識，稍微學一下就會。再加上現在日本還有所謂的簿記課程，有興趣的人，去上個課也不錯。建議以具備簿記二級的知識為目標，不然至少也要考過三級。

除了充實財務會計的知識外，平常思考時，也要記得將數字套用到跟自己有關的工作中。

比方說，你可以養成思考「自己現在負責的工作，能為公司帶來多大的利益，這些利益約占公司整體獲利的多少百分比」、「製作這個新的指導手冊，將可削減多少百分比的經費，且能提升多少百分比的工作效率」等習慣，以更客觀的方式來審視自己的工作就能提升你對工作的熱情與幹勁。

相信有不少人會覺得，「自己是讀文組的，所以數學不是很在行」，不過如果大家平常能多提醒自己，養成用數字思考的習慣，你會發現自己其實很快就能駕輕就熟了。

44 ▼▼▼ 具備全球化的感覺

現在實在很難想像，有哪一個產業是跟海外沒有關係的。

許多日本販賣的商品都是在國外生產；日本生產的東西外銷到國外的狀況也很普遍。

透過網路，由國外訂購日本地方上中小企業生產的商品或特產的例子，更是多到不勝枚舉。

尤其網路世界遍及全球、無遠弗屆，只要透過臉書與推特等社群網站，就能直接跟全世界接軌。

日本的上班族也就這樣比別人搶先一步，進入這個全球化的世界。所謂全球化的感覺，是指你對「日本在世界中位居什麼地位」的看法。這一點，若只是一直待在日本是想破頭也想不出來的，唯有找機會自己到海外走一趟，從國外的角度回過頭來看日本才能得到答案。

二、三十歲的年輕人，若有機會因工作上的關係被派到海外工作，請一定要趕快舉手自薦，讓自己多出去接觸世界。因為「英文很爛」等理由而逃避出國，可是非常可惜的。

被派到哪裡都無妨。我知道年輕人多半嚮往被派到美國或歐洲等地，不過就算被分發到亞洲、中東或非洲，都有其意義存在。如果能在年輕時學會中文，或學會如何在中國做生意，對自己的將來必定很有幫助。同樣地，韓國、印度、印尼、越南等東南亞國家，也是極為強而有力的商業對手。

未來想成為上市公司的要員，前提就是必須有在海外工作的經驗。要說擁有海外經驗就能得到公司高度的評價，而沒有海外經驗則很難領導一個企業，可是一點都不為過。

就算目前從事的工作，被派到國外出差或派駐國外的可能性很低，你也可以自己找機會，積極出國去玩，建議大家可以利用週末到亞洲等國家走走。亞洲鄰近諸國中如韓國，甚至可以當日往返。**讓出國變成像在國內進行溫泉之旅般稀鬆平常，也是提升全球化感覺的重要方法**。

另外，平常養成多收看CNN或BBC等電視節目，或從網路上閱讀國外新聞的習慣也很好。英文不好的人，則可找已經翻譯成日文的節目來看。國外媒體與日本電視節目或新聞，看事情的觀點截然不同，懂得理解這個差異，也能培養全球化的感覺。

45 ▼▼▼ 構築在公司內部的人脈

只要是在組織中工作的人，就少不了周圍其他人的協助。光憑一個人的力量，工作一定忙不過來，能在公司內得到越多的支援，就能推動越大的案子，自然比別人容易成功。

想在公司內順利得到協助，重要的就是在公司內要有自己的人脈。特別是年輕的一代，就算理解第一線的狀況，但卻很難從全公司的角度去做事，所以，在公司內確實建構自己的人脈，並做好橫向聯繫，對工作絕對是有加分作用。

比方說以製造業為例，自己負責的工作可能跟設計、研究開發、生產、物流、採購、業務、行銷企劃等眾多部門都有關係，只要自己負責的項目出問題，其他相關部門可能就會受到影響。這種時候，**在公司內擁有自己的人脈，相對地比較容易獲得其他部門的協助**，上述問題也就會迎刃而解。

容易從其他部門得到協助，工作上便比較容易出現成果。工作表現優異、成果斐然，自然會得到周圍其他人的高度肯定。若能得到他人的高度肯定，下次有其他專案上門時，別人就會更願意協助你，如此一來就能成為一種良性循環。不過，建立公司內的人脈需要時間，希望大家能趁二、三十歲還年輕時，努力建構自己在公司內的人脈，那麼在緊急的時候，就不用擔心沒人伸出援手了。

想要跟其他部門的人打好關係，就必須多到其他部門走動、多打照面、多跟大家互動。最近電子郵件普及，簡單的事情只要上網發個信就能解決。有時候，雙方甚至完全沒見面就能談完一件事。話雖如此，但溝通的基本原則，就是雙方一定要見到面，也就是所謂的face to face（面對面）。就算只是件小事，只要在不打擾到對方的範圍內，都要盡量直接去找對方談，要跟對方有面對面的交流才行。

另外，積極參加公司內同層級的會議也是一個不錯的方法。因為參加者都是跟自己相同職位的人，所以大家的煩惱也都差不多，不僅能藉機跟大家聊聊，還能發揮互助的效果。

有一點要特別注意的就是，千萬不要輕忽公司內部的人際關係。特別是公司內部有不滿的聲音時，更要立刻過去了解狀況。要知道，人際關係沒有公司內外之分。嚴重一點我們甚至還可以說，若跟公司內部同仁的關係疏遠，那麼在公司外部的人際關係也是很難維持下去的。

懂得用心維繫人脈，彼此的關係才能長長久久。希望大家趁二十幾歲還年輕時，就要用心建立這個必然會成為你一輩子資產的公司內部人脈。

46 ▼▼▼ 也會努力構築公司外部的人脈

我們剛剛在前一頁提到過公司內部的人脈，接下來要介紹的是對一名上班族而言也非常重要的公司外部人脈。

公司外部的人脈，不僅可以作為我們蒐集情報的工具，讓我們活用在目前的工作中，也是大家在私領域上需要幫忙或想換工作時的得力助手。換句話說，建立公司外部人脈，除了是幫我們將工作做得更好的武器外，同時也是能幫我們從麻煩事中解套的風險管理之一環。

公司外部的人脈，大致上可分成「工作上的人脈」與「工作外的人脈」兩種。

工作上的人脈，是指客戶或外包公司的人，因跟工作有直接的關係，重要性自不待言。

這次要特別強調的是在職場以外的地方所建立的、跟工作沒有直接關係的公司外部人脈。這些人脈，有可能是學生時代友情的延長，也可能是因運動或參加社團、志工團體等所認識的朋友。**擁有跟工作沒有直接關係的人脈，對上班族來說，是一個相當重大的資產。**

最近臉書與推特等社群網站中，經常會舉辦各種異業交流會、晚餐會、晨間讀書會等活動，目前沒有參加任何社團的人，利用這些管道去拓展自己的人脈應該也不錯。

不過，構築公司外部人脈有個重點就是，它必須是「活的人脈」。換句話說，必須是「在你遇到困難時，能真正向你伸出援手的人」才行。

比方說，你去參加了異業交流會，隨隨便便就跟人交換了二、三十張名片。但這種交換名片，外加短短寒暄幾句的關係，根本稱不上是人脈。認識後一定要定期聯絡、偶爾出去吃吃飯，製造見面的機會，雙方的關係才會慢慢變親密，也才能把對方定位成自己在公司外部的人脈。

要建立公司外部的人脈，第一步可先從建構三～五人的人脈做起。不斷去認識新朋友固然新鮮又刺激，但這麼做其實沒有多大的意義，建議先從其中挑出三～五位，跟自己真的比較合得來的人聯絡、交流，只要最後雙方的關係真的變得更親密就好。重要的是，千萬不要太過急躁或勉強。把它當成是在結交一輩子的知心好友般，慢慢地觀察對方，再一步步加深彼此的關係即可。

47 ▼▼▼ 時時抱持感恩、謙遜之心

過去我曾接觸過許多被稱為領袖或○○之神的知名經營者，以及各個公司都搶著要的優秀人材，讓我印象比較深刻的是，大家基本上都很謙虛，身段也放得很低。雖然其中有些人，乍看之下會給人端架子或強勢的感覺，但實際接觸過後，就會發現，他們只是表面看起來如此，本質上其實都很謙虛。

說到什麼是本質上的謙虛，我認為基本上就是要常保感恩之心。這個感恩不

光是對自己工作上的客戶而已，包括平常陪在自己身邊、讓自己能全心衝刺工作的家人在內，對所有的事物都要心存感激。

做事謙虛的人，客觀上來說，會給人一種舒服、讓人想跟他一起工作的感覺。另外，這種人遇到困難時，也會讓人自然想對他伸出援手。想成為一名成功的上班族，千萬別忘了要謙虛。

有些二、三十歲的年輕人，心高氣傲又愛虛張聲勢，完全不知道自己在工作上還只是個半吊子，無法獨當一面，應該要比別人都謙虛才對。作為一名人才顧問，我們經常要幫公司介紹人才，自然也接觸過不少態度傲慢的人，大致上來說，這些人都不是很優秀。這種人就算經驗再豐富、過去表現再優異，我都不會積極介紹給公司。即使真的介紹了，也不敢奢望他們在新的公司會成功。

另外，跟不懂謙虛的轉職者聊過後我也發現，這些人在前一個公司多半有人際關係的問題。而且，他們想換工作的理由幾乎都是，「主管完全不懂我、不肯定我，我不敢指望在這個公司會有多大的進步」等。

如果我問大家：「你出自優秀學府，還難得擠進這麼大的企業，在目前的公司應該還有許多事可做吧！」這種人就會以「錯！該做的我全做了。就算繼續待在這家公司，也不會得到更好的評價，所以我希望能跳槽到一家能給我更高肯定的公司上班」等答案來回覆我。

然而殘酷的是，在目前的公司無法得到肯定的人，即便去了其他公司，多半仍得不到肯定。所以，就我個人來說，我絕不建議這種不懂謙虛又傲慢的人換工作。

講到上班族的成長，大家往往會把眼光放在工作上，希望大家也要好好思考一下，如何讓自己的人格一起跟著成長。「經歷」固然重要，但空有經歷，人格卻沒有成長的人，其實很難指望他會把工作做好。

48 ▼▼▼ 提早十五分鐘到，以確保自己能守時

對上班族來說，守時是很理所當然的事，但老是趕在最後一刻才到可是很讓人傷腦筋的。要經常提醒自己提早十五分鐘到。

我相信很多人都有這樣的經驗，那就是，一開始本來以為時間很充裕，沒想

到突然擠進許多工作，於是很多時候只能趕在最後一刻，才去赴客戶的約或去開公司內部的會議。

有些人或許會覺得，「趕在最後一刻到，才不會將時間浪費在等待上，算是比較有效率的做法」，但我卻要說，這種想法是錯的。**絕對不會因為你提早十五分鐘到，就讓十五分鐘平白浪費掉。**

比方說，如果你提早十五分鐘到達要拜訪的客戶公司，在等待的這段時間，你就可以在腦中預想待會的對話內容。哪怕只是簡單花個幾分鐘，稍微整理一下說話的內容與順序，會面的成果都會有極大的不同。

另外，那十五分鐘也可拿來作面談前的準備。趕在最後一刻才滿身大汗又氣喘吁吁地到達現場跟對方打招呼，只會給對方留下不好的印象。特別是，如果你跟對方是第一次見面，那更要不得，因為最重要的第一印象必定都被你給毀了。

此時，如果你有十五分鐘，就可以先到廁所整理儀容，若汗流得太多，還可以去換件乾淨的襯衫。或者先從公事包中拿出資料或電腦，將之好好地放到會議桌上，這也是不錯的做法。

不管是開會或跟人有約，都是跟其他人共享時間。別人為了自己，專程從百忙之中撥出寶貴的時間，我們自然要對對方心存感激才是。只要懂得心存感激，必然會了解，自己慌慌張張到達現場的舉動，對對方有多麼失禮。

趕在最後一刻才氣喘吁吁地進入會議室，就算你道歉說：「對不起，現在才到」，而對方在口頭上也回答你：「不會啦，沒關係」，但心裡對你的印象一定好不到哪裡去。相反地，如果能提早十五分鐘到，整理好儀容並做好萬全準備，絕對會讓對方覺得，「這個人很重視跟自己開的這場會或面談」。

要知道，提早十五分鐘赴約，象徵你對別人的敬意與感謝，千萬不要等閒視之。

49 ▼▼▼ 就算沒有公司的光環，依然吃得開

如同我在過去出版過的書中一再提到的，我絕對無意否定那些進公司時就抱定一輩子待在同一家公司中，做到飛黃騰達或退休的人的價值觀。在這個換工作變得極為普遍的時代，選擇「一生一社*」的人，反倒還比較珍貴。只不過，「一

生一社」與依賴公司，可是完全不同的概念，希望大家一定要知道。

所謂依賴公司，其出發點是「擔心自己離開目前任職的公司後卻什麼也不會，所以只好一直賴在現在的公司不走」。感覺就像是無法離開父母獨立生活的孩子般，完全不是一名獨當一面的人該有的想法。

以現在的經濟狀況來說，就算員工再想待在同一間公司，還是有可能因公司業績變差、事業縮編或公司之間的合併收購而突然被公司裁員。使得原本打算一輩子死命依附公司的人，不得不面臨不知何去何從的窘境。

另外，人一旦心裡出現想賴著公司不走的想法，心態上很容易就會退居防守的位置，此時，眼前就算出現再大的商機，也不會有積極接受挑戰的勇氣。而且，現在公司多半也不會給這些已經進入防守狀態的員工太高的評價，如此一來，這些人不僅飛黃騰達無望，還極有可能在公司狀況不佳時，被列入首波裁撤的名單中。

太過依賴公司，對我們來說，實是百害而無一利。

*註：指一輩子只待一家公司的意思。

有些人即使打算在目前任職的公司一直做到退休為止，卻還是會提醒自己：「雖然我完全沒有換工作的打算，但工作時還是要有承擔風險的覺悟，免得公司突然倒閉或被裁員時而感到措手不及」。這種不依賴公司的人，為避免發生突發狀況，會努力增加自己在其他公司也用得到的專業，也就是「工作經歷」，或提升自己的英語能力等，將心力全放在「自我精進」上。這種人就算有一天突然被公司趕出去，也會因為心裡早有覺悟，再加上本身實力也夠，而能不慌不亂地尋找下一份工作。

另外，擁有「相信自己到其他公司也吃得開」的氣魄，也會讓人變得比較不畏懼工作上的失誤、風險，或看主管的臉色，進而更有勇氣接受工作上的挑戰。

簡單來說，所謂不依賴公司，就是要有「自己隨時都有可能被公司趕出去」的覺悟，平常就要開始為這個狀態做準備。

就算自己本來沒有要依賴公司的意思，不過在大企業或穩定的公司待久了，人難免會越來越安心，也就不自覺地依賴了起來，這種時候，記得要喚醒自己的危機意識。第一步，你可以試著問問自己：「如果明天這家公司突然倒閉，我還能在這個社會中生存下去嗎？」

50 ▼▼▼ 懂得透過休息來轉換心情

忙著做很有成就感工作的人，往往會只顧著工作而忘了休息。如果只是短時間也就罷了，就算心無旁騖地埋首在工作中，也不會有什麼問題，更何況，從長遠的工作生涯來看，這確實是相當重要的時期。

不過，如果這樣的狀態是持續很長一段時間，我就會建議大家要適時地休息與轉換情緒，才會有良好的工作效率。

我很了解，人一忙就容易有「現在不是休息的時候！」的想法，也知道年輕人特別容易有這樣的狀況。

不過我仍要說，很遺憾，人的集中力是有限度的。集中力就跟橡皮筋一樣，若一直往外拉，總有彈性疲乏的一天，到時候可能再也無法回復原狀。有時候拉得太過用力，還會不小心把橡皮筋給拉斷。懂得一下子拉、一下子放的人，才能讓橡皮筋永保彈性。

人的精神也同樣如此。工作忙的時候，注意到精神緊繃了點，就要懂得稍微休息去放鬆一下。把自己逼到像失去彈性的橡皮筋般，是難以維持高品質的工作的。

休假放鬆後再回過頭來工作，往往會發現，不僅工作效率比放假前高，也更容易全心投入去完成工作，相信每個人應該都有過這種經驗。**所以說，想要提升工作效率，不是拖拖拉拉地不休息一直長時間工作，重要的是，必須要懂得適時休息與轉換心情。**

每個人適合用來轉換心情的方式都不同，沒有一定非要怎樣不可，平常一直窩在辦公室很少動的上班族，建議積極找機會讓自己動一動。除了運動外，利用週末出去爬爬山或旅行，效果應該也不錯。

我很愛工作，是大家口中的「工作狂」，不過我還是會提醒自己要多活動筋骨，定期休假去跑步、跑馬拉松或游泳。

跟平常不容易碰到面的朋友一起吃飯也是不錯的轉換心情方式。

雖說享受美食與把酒言歡都是很好的轉換心情方式，但要留意別暴飲暴食。尤其是喝酒更要節制，偶爾喝得微醺是種享受，但太常喝得爛醉如泥，反而會殘害自己的健康，甚至有可能會酒精中毒。

在自己的身體還沒因工作太過操勞或累積太多壓力而被搞壞前，記得要適時地休息與轉換情緒，努力讓自己的身體週期一直維持在正常狀態。

51 ▼▼▼ 會努力強化自己的抗壓性

現代社會壓力大，很多人都有身心症的困擾。想要擁有健康的生活，就必須要強化自己的抗壓性，別被壓力給擊倒。

首先大家必須知道，人的心是由自己感覺得到的顯意識以及感受不到的潛意識兩種意識所組成。其中顯意識只占了一小部分，其他絕大部分都是潛意識。也就是說，我們感覺得到的意識，不過是冰山一角，只占了我們總意識的一小部分。至於自己內心真正的感覺，我們其實是不知道的。因此，想要強化自己的抗壓性，就必須學會控制佔據自己心靈絕大部分的潛意識。反之，不懂強化抗壓性，一旦潛意識中累積太多的壓力時，身心症就會在不自覺時找上你。

那麼，究竟要怎麼做才能提升自己的抗壓性呢？其中一個方法就是參加跟心靈有關的研討會或工作坊。現在網路上有許多研討會與工作坊，很輕鬆就能聽講，各位可以試著從自己比較有興趣的話題開始聽起。

其他方面則推薦最近在上班族間廣為流傳的坐禪。聽說已故的史蒂芬．賈伯斯以前對坐禪也很有興趣，上網查一下就能找到一般人都能輕鬆參加的坐禪會，去參加適合自己的坐禪會也不錯。

就像「健康的精神藏在健康的身體裡」這句話一樣，運動也是很好的提升抗壓性的方法。比方說，最近在上班族間，就增加了不少愛好全程馬拉松及鐵人三項等運動的人，甚至也在職場上造成了一股話題。

當然，偶爾跟朋友見面喝酒，或去卡拉OK放聲高歌，都是不錯的舒壓方式，也有療癒心靈的效果。**重要的是，要找出適合自己的舒壓及提升抗壓性的方法**。勉強用不適合自己的方法舒壓，反而會累積更多的壓力。當跟主管發生衝突，或被顧客埋怨得狗血淋頭，因而感覺壓力很大時，一定要儘快找出適合自己、能化解掉壓力的方式。只要是人，就免不了會碰到壓力。遇到壓力時，不要只會逃避，而要懂得接受它，並學習跟它和平共處。

最後，如果身心面臨了前所未有的嚴峻狀態，建議儘早去找專業人士或心理諮商師解決。現在接受心理治療已經是極為稀鬆平常的事，大可不必因自己必須接受心理治療而感到羞恥。千萬要注意別讓自己惡化成「憂鬱症」喔！

當下屬工作出現失誤時

這次要研究的內容是，當下屬工作出現失誤時，究竟該如何處理？

面對下屬工作上的失誤，一不小心就失去理智而被氣到七竅生煙的主管，意外地還挺多的。雖說訓斥下屬沒有所謂正確的方法，但還是有幾項鐵則是一定要遵守的。

「K年紀約三十多歲，擔任某貿易公司的財務會計部課長，手下有十名下屬。讓K一個頭兩個大的是進公司已經邁入第三年的年輕員工L。L不像同期進公司的M懂得報告、連絡、討論，而且總要等到會計截止日期前，才急忙將自己負責部門的四半期*決算整理出來，害K完全沒有足夠的時間做第二次的確認。雖然K私下提醒過他好幾次，但卻完全不見改善。有一次，K發現L提出的決算內容居然出現了重大錯誤，氣到把L叫過來，在眾人面前狠狠罵了他一頓。請問，大家覺得K這樣處理下屬的失誤是正確的嗎？」

包括我自己也反省到，可以在部門或課裡的眾人面前讚美下屬沒關係，但卻要避免責備或提醒他，這可說是一項鐵則。當然，K會在眾人面前斥責L，無非是希望他能好好反省改過，不過事實上，這種處理方法的成效相當有限。

另一個鐵則是，面對犯下失誤的L，K應該要先穩住自己的情緒，再私底下提醒他注意。想讓L別再犯同樣的錯誤，K就必須思考，為何L會犯這個錯？原因何在？對方到底欠缺了什麼？之後才有辦法提供L適切的建議或對策。

只要是人難免會有情緒，也會有突然想發飆的時候，不過，我平常碰到的經營者或上市公司的要員等一流人士，都懂得控制自己的情緒，臉部線條也很柔和。當然有原則就有例外，像某些獨裁的經營者就是。話雖如此，控制好自己的情緒，不光是部課長級的課題，對於有志想更上層樓的人來說，也是一種試煉。

那麼，當L又犯下同樣的錯誤時，究竟該如何處理呢？如果事前已經提醒過他要注意，但對方又照樣出錯時，除了私底下再次提醒外，重要的是還要配合

*註：商務用語，意為1／4年。第1四半期為一～三月，第2四半期為四～六月，其他依此類推。

「斥責」。問題是，「斥責」與「發飆」不同。「發飆」感覺比較情緒化，這將會使L無法理解自己犯的錯誤有多大。人被斥責時，比較能夠了解事情的嚴重性；被狂飆時，則只會加深心中對對方的嫌惡，而不會試著去了解自己犯了多大的錯。千萬要記住，發飆只是自己覺得過癮而已，實則沒有一點助益。

最後，建議K在下屬犯錯時，可以先私底下提醒他注意，同時協助其找出原因，避免下屬再犯同樣的錯誤。即使對方重複犯相同的錯誤，也不要用「發飆」來洩憤，而應以「斥責」的方式來讓下屬了解事情的嚴重性。這便是落實優質管理時所不可背離的鐵則。

優秀的職員這點不同
個案研究
8

當工作過度集中，而讓人感到負擔過重時

這次要大家思考的是，當工作過度集中，而讓人感到負擔過重時，究竟該如何處理？

能者多勞，工作往往會集中到「優秀的職員」身上，所以這些人多半處於負擔過重的狀態。而「優秀的職員」厲害之處，就是能不慌不亂、若無其事地化解掉負擔過重的狀態。

讀者之中，如果有人認為將工作轉移到周圍其他人身上，就能解決工作負擔過重的問題，那可要注意了。要知道，「優秀的職員」就算將工作分給其他人做，還是會努力把工作做到自己快要無法負荷的臨界點，藉以培養自己的實力。就像訓練肌肉耐力的道理一樣，平常不多找機會給自己的肌肉或頭腦增加點負擔，自己是不可能成長的。

「N的年紀約三十出頭，是任職於某金融機構的中間階層員工，目前還擔任

管理職。因為這個緣故，他除了要追蹤下屬的工作進度外，還必須達成自己被要求的業績目標，每天從早做到晚上近最後一班電車為止，週末還要到公司加班，忙碌到完全沒有時間跟家人對談。最近工作實在多得不像話，使他開始對老是無法消化掉工作的自己失去了信心，每天早上起床也都不想去上班。請問N究竟該如何為自己解套呢？

將N目前「被工作追著跑」的狀態，改成「追著工作跑」，就是N的解套之道。也就是說，要先預測會有什麼工作，並搶先在交期前完成它。那麼，想要建立「追著工作跑」的模式，究竟該做些什麼好呢？

(1) 排定工作進度表（處理事情時的時間管理）

試著將目前手上的工作全寫出來，再依據優先順序及交期，排定處理事情的進度表。第一步，先將目前手邊的工作，包括接下來可能被委派的工作或固定要做的事，通通填入表中，讓自己知道全部有哪些工作要做。光是掌握全部的工作與各個工作的交期，在精神上或多或少就會輕鬆些。之後，也要保持彈性，經常調整進度表，將優先順序較高的工作，一個個解決掉，這樣就能慢慢養成追著工作跑的習慣。這種時候，還要明確劃分工作是屬於自己要獨力完成的，還是必須跟其他人協力完成的。只要懂得下功夫分配時間，比方說，將自己獨立完成的工作集中在平日一早做；將其他白天的時間分配給需要大家一起配合的工作，N將來應該就會比較懂得管理時間，星期六也就可以不用再到公司加班了。

(2) 周圍其他人（自己團隊或相關部門）的協助

跟團隊或課裡的同事或上司，甚至是相關部門做好團隊合作，做起事來就會更快速有效率，工作成果也會比較好。當一份工作並非自己能獨力完成，而需要周圍其他人協助時，想讓事情做起來更有效率，就得技巧性地引導周圍其他人發揮力量。也就是說，不要只是把工作丟給同事或下屬就算了，而要從該怎麼做，才能讓大家幫自己把事情做好的角度，去努力觀察每個人的能力，並一同完成工作。另外，若希望跟相關部門合作順利，就要跟各部門的關鍵人物打好關係（公司內部的人脈）。也就是說，當我們的工作是必須跟其他部門或主管合作才能完成時，我們就必須確實掌握對方的能耐，同時好好活用人際關係。事實上，煩惱工作全落在自己頭上的人，這方面多半沒做得很好。想運用團隊的力量將工作做好，就必須觀察跟自己一起工作的隊友們的能力，並養成在交期前完成工作的習慣。

(3) 向主管報告

要由自己定期主動向主管報告。「優秀的職員」會努力透過經常向主管報告自己的工作內容及份量的方式，在工作量即將超過自己的負荷前，誠實跟主管反應自己的狀況，讓主管幫自己將工作分配給周圍其他人。如果這麼做後，卻依然被告知得負責某項工作時，就要努力跟主管協調，看看能否調整交期。

若能確實遵守上述三點並做好時間管理，「優秀的職員」就能在工作快超過自己負荷的臨界點前，仍能同時騰出跟家人相處及私人玩樂的時間。亦即，「優秀的職員」會盡量將事情做到在即將超出負荷的範圍內鍛鍊自己的能力，並懂得有效運用徹底玩樂的時間，讓自己的心情得到調適。

第 5 章

想要飛黃騰達
就得強化的十八項能力

52 持平力

一個在思考任何事情時都能不偏頗的人，我們說他「很持平」。對上班族來說，這個持平力非常重要。不管是在工作上作決斷，或在人際關係上，都應該從中立的角度出發。

比方說，假設現在有A與B兩種議論。如果貿然決定支持A或B其中一個，在想法上必然有失偏頗。先讓自己站在跟A與B全然無關的第三者C的立場，客觀檢討雙方的意見後，再冷靜判斷哪一方的想法比較正確，這樣才是持平的做法。

當眼前出現兩種不同意見時，最重要的就是先平等接受雙方的意見，再從中立的角度去做切入。這樣或許會在A或B之外，找到其他的選項，例如像是決定折衷採取A及B的意見。

有所偏頗的觀點，會讓一個人看待事物的方式變狹隘而造成判斷上的失誤。

但是，一般人受過去所學知識或經驗影響，在想法上難免會有偏差。若說沒有人能百分百站在中立角度看事情一點也不為過。因此，大家一定要經常提醒自己：「我現在的想法可能有點偏頗」。

越懂得持平（持平力越強），越有可能做出正確的判斷。

比方說在接到客訴時，最需要持平力。人在接到客訴時，往往會合理化自己的行為，或縱容自己的過錯。然而，若只聽信投訴顧客的片面之詞，將對方的話照單全收，也會很難處理惡質的客訴。因此，當客訴發生時，就算自己本身就是客訴當事人，也要提醒自己稍微抽離一下，讓自己站在第三者的角度來思考事情。如此一來，或許就能在不偏袒任何一方的情況下，做出最佳的判斷。

想要培養持平力，最該注意的就是不要流於主觀。大家很容易受感覺影響，片面決定「某件事情是對的」，等過了一段時間後，才發現自己當初的決定根本錯得離譜。因此，當需要做任何重大判斷時，千萬不要當下就衝動決定。即使對方要你立刻給答案，也要想辦法讓自己有一、兩個小時的時間可以靜下來好好思考，這樣才能做出持平而不偏頗的判斷。

另外還有一點很重要，那就是不要太被過去的成功經驗牽著鼻子走。在這個無法預測未來的時代，過去成功的做法，現在不一定適用。只因過去的成功經驗，就輕易認為「某個做法必然正確無誤」，這不是偏頗是什麼？請大家在參考過去成功經驗的同時，也別忘了要仔細檢討這些經驗可否做為判斷的依據。

53 ▼▼▼ 交涉力

英文中的交涉是「negotiation」，是從事任何工作的人，都需具備的能力。所謂交涉，就是先設定目標、掌握現況，再思考如何依據現狀去達成目標。因此，一開始交涉時，就要先明確設定好自己的目標。

比方說，你準備了一百萬日圓想跟賣方購買某樣商品，在進行價格交涉時，你一定要清楚知道自己希望對方的價碼降到多少，或是降到多少日圓以下，你才願意向他購買。若目標不夠明確，不僅自己會搖擺不定，也會使交涉陷入拖拖拉拉、沒有結果的境地。

目標清楚後，就可以朝目標跟對方交涉，此時最重要的是，講話要合邏輯。

有一個詞叫做「邏輯思考」，邏輯思考的其中一個目的就是，讓自己的意見聽起來更明確、易懂且有道理。說話合邏輯，本身就已經比較有說服力，如果再結合業績、經費等具體數字，說服力又會更高。

相反地，若是不這麼做，即使再怎麼要求對方「便宜一點」，對方也不會接受。

交涉時，有個要注意的重點是，讓對方能夠接受。比方說，如果交涉時，你只會不斷說理與強調自我主張，而沒有讓對方打從心底接受，哪怕講得再精彩，也講贏了對方，對方還是有可能會因不願妥協，而導致交涉失敗。**我們在跟人說話時，不能只憑說理，也要經常思考，該怎麼說、先說什麼，才能讓對方心悅誠服。**

想要交涉成功，當然也要具備堅忍不拔的精神。千萬不要因一次的失敗就放棄，絕對要發揮堅忍不拔與不屈不撓的精神，一而再再而三地跟對方交涉。

另外，交涉是兩個人的事，不要一味地強調自己的主張，也要懂得適度的妥協，接受對方的意見。因此，有時適當地降低自己所訂的目標，創造皆大歡喜的結果，也是非常重要的。換言之，一開始在設定目標時，也需事先做好準備，了解自己的底限在哪、知道自己「最壞能接受怎樣的狀況」。

太過執著要達到自己原先的目標，不僅是在浪費彼此的時間，也會讓對方覺得很不舒服，最後甚至可能會導致談判破裂。簡單來說，重要的就是，在決定好自己底限的同時，也要能看穿對方的底限。因此，一定要仔細聽對方說的話，站在對方的立場思考事情。最棒的交涉是，不單只有自己獲利，也要想辦法讓對方獲利，創造雙贏的局面。

54 ▼▼▼ 提案力

提案力，是所有跟業務有關的人都一定要具備的能力。

提案時，重要的是「要能搔到顧客或對方的癢處」。也就是說，一開始就必須確實掌握顧客的需求，知道顧客要的是什麼。否則，不懂顧客的需求，還一直拼命跟顧客推銷，只會讓對方覺得你很煩。

我從前在貿易公司當業務時，有個很深的體悟是，若不懂顧客要的是什麼，根本就無法向他提案。顧客至上主義與滿意度等會被如此重視，也是同樣的道理。

我們常會看到許多提案力較弱的業務，雖然提案內容與表達方式乍看之下都很不錯，但事實上卻常常不符合對方的需求。另一方面，我們也看過一些提案內容很普通，表達方式也沒多好，卻因確實掌握顧客需求，而經常成功完成交易、具有卓越提案力的業務人員。

換言之，提案最大的原則就是要「聽出需求與渴望」。掌握住顧客的需求後，再思考該提出什麼內容來符合這個需求。

就像成語「三個臭皮匠勝過一個諸葛亮」所說的，思考提案內容時，最好能多拜託一些人給你出主意，而不要自己一個人想破頭。參與的人越多、傾聽越多元的意見，就越容易做出精彩的提案。決定好提案內容後，在向顧客提出前，最好能請主管或同事幫忙再看一下，參考別人的想法與建議，努力獲得周圍更多的協助。

聽取別人意見時，有一點要注意的是，在自己完全沒有想法的情況下，是無法從別人那裡得到任何點子的。一開始要先有自己的想法或概念，之後才能依據該想法去請教大家：「我是這麼想的，不知道大家覺得怎樣？」也才比較有可能從別人那裡得到其他想法或建議。

決定好提案內容後，再來就是提案的方法了。最大的前提是，要用顧客或對方容易懂的方式來提案。千萬不要有「我只是負責說明這個提案，如果對方不清楚提案內容，應該是他自己理解能力有問題」的心態。

最近，用 power point 來提案變得非常普遍。雖然 power point 確實是相當不錯的工具，不過完全靠 power point 來提案究竟是好或壞，其實有待商榷。有時候，以傳統的方法而非 power point 來提案，反而會讓顧客留下深刻的印象。請大家也要花點工夫，練習如何用紙芝劇*或在白板上畫圖等有特色的方式來提案。

55 ▼▼▼ 創職力

若是因為目前還受雇於公司，便認為自己只要認真做好上面交辦下來的工作就好的人，在未來的時代，將無法得到高度的評價。未來員工會被要求需具備自己思考新工作，或創造出新工作的能力。我將這個能力稱為「創職力」。

工作，本來就要由自己去創造，不能只等著別人來下指示。希望二、三十歲的年輕上班族，一定要先有這樣的認知。

想要培養創造工作的能力，也就是創職力，一開始就要有「我要在自己目前所處的職場中創造出新工作」的意識。哪怕是再微不足道的工作都沒關係，只要工作時心存這樣的意識，就絕對找得出新工作。反之，如果沒這種想法，就永遠也不可能找到自己可以做的事。

創造出新工作後，第一步就是要先聽主管怎麼說。如果主管認為這個工作有實行的價值，那就去實行；如果主管覺得沒必要，便就此打住。即便這次的想法被主管否決，也還是很有意義，因為它證明你對工作是有想法的。如果被主管駁回的工作，你真的很想做或認為有做的必要，稍微修正一下，找個適當時機再次跟主管提，也是個不錯的方法。**從磨練創職力的角度來看，提案的新工作就算一**

*註：指紙上戲劇。是一種將故事畫在好幾張紙上，由解說者以類似看圖說故事的方式，呈現給觀眾的日本民間戲劇表演。

再被主管駁回，還是相當有意義的。

創造新工作時重要的是要知道，對於公司或部門來說，不需要的工作即使提再多次都沒有任何意義。創職力是為了對公司有所貢獻而存在，做沒有任何意義的工作，不僅公司得不到好處，也可能妨礙到你本來的工作。

磨練創職力，對於自己將來飛黃騰達後，在思考事業計畫或經營戰略時將很有幫助；就算未來換工作，在其他公司中也會成為你的一大利器。

另外，當成為管理者，有自己的下屬時，創職力也能派上用場。一個管理者想要提升團隊表現時，讓下屬具備創職力，對於整個團隊將很有幫助。反之，自己如果沒有創職力，非但無法要求下屬，就算下屬在工作上有什麼新的提案，也很難對提案做出評價。唯有自己具備創造出新工作的創職力，才能提升並鍛鍊下屬的創職力，也才有辦法活用該成果。

隨著網路普及，商業模式也急速在改變。在年輕時就先鍛鍊好「創造出符合瞬息萬變時代的工作能力」，對於未來絕對會很有幫助的。

56 ▼▼▼ 文書製作力

小從電子郵件的撰寫，大至公司內部文書或企劃書的製作，通通都要具備文書製作力。

運用 word、excel 與 power point 等軟體製作文書時，有三個重點。

第一個重點是，要依不同的狀況，使用適當的文章格式。

首先要看的就是有沒有配合對方的身分使用正確的敬語。文書的內容做得再好，只要敬語使用不恰當，就欠缺說服力。同樣地，確實掌握基本的文章禮儀，如：「拜啟、謹啟」等開頭語，或「敬具、敬白」等結尾語，也非常重要。

文書往來無法直接看見對方的臉，自己想給人什麼印象，全憑文章的內容來決定，所以一定要非常注意小細節。一時之間想要學會所有技巧，可能會有點難，建議大家可以去買本文書書寫範例，將它擺在桌上，讓自己能輕鬆地、想看就看。

最近大家普遍都用電腦來製作文書，依據狀況，偶爾寄封手寫的書信給對方，效果應該也很不錯。贈送禮品時，附上一張自己親筆寫的小紙條，一定會讓對方印象特別深刻。

第二個重點是，別偏離主題，要能確實寫出自己想要表達的重點。

寫文章的目的，本來就是為了要告訴對方某件事或某個情報，所以文章即使寫得再漂亮、再有禮貌，若是無法將想表達的重點傳達給對方，那就沒有意義了。

想要不偏離重點，基本上，就是要清楚讓對方知道「自己想要表達什麼」。若自己都不知道要表達些什麼，文章的內容自然會失焦。這個時候，請貫徹5W1H。要經常提醒自己去確認，有沒有將何事（"W"hat）、何人（"W"ho）、何時（"W"hen）、何地（"W"here）、為何（"W"hy）與如何（"H"ow）等確實寫出來。

第三個重點是速度。

只要是商業上的文書，製作時就不能拖拖拉拉，完全不顧時效。

想要提升文書製作的速度，除了利用年輕時，找機會多製作文書、累積自己的經驗外，沒有其他更好的方法。另外，製作完的文書，最好能請主管或周圍的人幫忙確認，看看有沒有什麼地方需要增補刪減。

最後一點，最近受到全球化的影響，大家除了要製作日文文書外，也增加了許多需要製作英文文書的機會。希望大家能把它當成英文能力的一環，讓自己在年輕時，就習慣用英文來製作文書。

57 ▼▼▼ 溝通力

現在，只要透過手機或電子郵件，即便不直接見面，大家還是能輕鬆連絡上彼此。再加上推特或臉書等各種社群網站的普及，溝通方式的選擇性增加了許多，換個角度說，其實是變得非常複雜。

身處這種時代的我們，自然要具備更強的溝通力才行。

其中一個重點是，區分溝通方式。一件事究竟只要寄電子郵件或打電話就能解決，還是直接見面比較好，都要配合時間、地點及場合區分清楚。

現在的年輕人相較之下很依賴網路，一有什麼事就想用電子郵件來解決。用電子郵件解決事情固然有許多優點，如：不受時間限制，隨時想寄就寄。話雖如此，不管三七二十一，將事情通通以電子郵件去處理，必定會出問題。希望有這種自覺的人，一定要重新體認直接跟人見面溝通的重要性。

另外，還有一項希望身處這個時代的大家要好好活用的，就是親筆寫信。親筆寫信本來就比較能打動對方，若懂得妥善運用，絕對會成為你的一大利器。可以想見，未來能寫出一手好字的人，一定會更吃香。

直接見面溝通時的重點是，要確實傾聽對方所說的話。

尤其是在商務的溝通上，懂得確實掌握對方的需求更是重要，一定要先讓對方把話說完，再表達自己的意見。如果對方不是那種很愛說話的人，也要記得多提問，積極讓對方說出自己的想法。

想讓自己跟別人的溝通變得更順利，除了多做訓練並累積實際經驗外，沒有其他更好的方法。不擅於跟人溝通對話的人，可以積極去參加異業交流會等活動，幫自己製造跟第一次見面的人說話的機會。**相較於公司內部的人或客戶，跟這些將來可能不會再碰上面的人聊天，反而比較輕鬆自在，訓練效果也會比較**

好。這種時候，一定要記得提醒自己，傾聽別人說話比表達自己的意見更重要。另外，喜歡說話的人，則要有自己常會在不經意的情況下，滔滔不絕自顧自地說起來的自覺。

溝通力雖跟每個人與生俱來的性格有關，不過基本上，還是要透過反覆的練習來提升。只要大家好好努力，就絕對能培養出良好的溝通能力。擁有優越的溝通能力，也就代表你會「得到別人的喜愛」。

58 ▼▼▼ 報告力

一般人可能會覺得報告力是業務或做行銷的人才需具備的能力，跟管理部門的人沒有太大的關係，不過這卻是錯的。

不光是業務或企劃人員跟客戶提案才叫做報告，連在公司內部的會議中發言或跟主管開會，都算是報告的一種。也就是說，身為上班族，不管工作性質為何，通通都必須具備報告力。

報告力的重點，第一是工具的選擇。

雖然最近的報告一般都是以 power point 來進行，不過大家卻不需要因為這樣就畫地自限。身處 power point 全盛時期的我們，以其他特別的方式來報告，反而還比較能夠得到別人的肯定。

偶爾完全使用白板，或是只在A4紙上寫上主題的方式來報告，也相當有趣。

我每次在進行下午的演講時，都不會使用 power point，而只會用簡單的資料，配上口頭說明。這是因為下午演講時用 power point，會讓吃完飯本來就昏昏欲睡的人更加想睡，導致有很多人真的睡著。事實上，演講時不用 power point，不僅不會有人睡著，而且從演講後回收的問卷來看，大家也都很肯定這樣的做法。

接下來，在報告內容方面，則有下列四項重點，那就是如何「在短時間內」「有效率地」「將自己的想法」「合邏輯地」傳達給大家。

其中最需注意的是，要在短時間內說出結論。

雖然多花一點時間，確實比較容易將自己的想法原原本本地傳達給對方，不過，令人遺憾的是，你有這樣的時間，聽的人卻沒那麼多的耐性。說話時間太過冗長，不僅會讓聽的人失去耐性，也會模糊說話的重點。另外，別人是在百忙之中特別撥空來聽你講話，如果佔據大家太長的時間，也是非常失禮的一件事。

進行報告時，最重要的是，要站在聽講者的角度來思考事情。如果對自己的報告能力沒有自信，可以在正式上台報告前預作練習，請主管或同事先幫你聽一下。看看大家對自己的評價為何，或有沒有什麼需要注意的，再依據這些建議或評價來調整內容。這麼一來，相信在正式報告時，表現一定會更好。即使是相同的報告，在正式報告前先預習一下，報告起來也會比較放鬆。

另外，在實際向客戶做完報告後，也要記得詢問主管的意見並好好反省，以作為下次報告的參考。只要能確實重複上述流程，未來的報告能力絕對會越來越好的。

59 ▼▼▼ 客訴適應力

人只要工作，難免會碰到出問題的時候。所謂客訴適應力，是指當這些問題發生時，能否做出適切對應的能力。

客訴適應力其中一項重點是，問題發生時絕不可逃避。在菠菜法則有關的章節中我們也提到過，當客訴發生時，不管問題為何，一定要在第一時間跟主管及相關部門報告，別想自己一手遮天。唯有讓大家知道這些問題，一起去思考對策，才能迅速解決問題。

第二點是，要對如何處理客訴有自己的想法。

向大家報告客訴時，如果只會將問題丟給主管，問主管說：「現在發生了某某客訴，應該要怎麼處理呢？」那也未免太不負責任了。雖然每個人的職位及權限不同，能夠對應的客訴範圍也會有所差異，但還是要先想好對應方法，才能去找主管商量。而且最好也要先做好準備，在獲得主管的同意後，就能立即採取行動。

第三點是，要儘可能立即趕赴現場。客訴發生時，若只聽對方口頭描述，有時還是很難正確掌握現場狀況。因此，一定要先到客戶或工廠等發生客訴的地方去走一趟，透過自己的雙眼，掌握問題的實際狀況，並跟現場的相關人員進行協商。不過，在沒有先想好解決問題的方針或手段的情況下就貿然趕赴現場，只會被大家罵得狗血淋頭，想說「你是來幹嘛啦」。所以，第一步就是先跟主管開會，擬定好解決方法或方針，如果有什麼地方要先確認的，就先去該處確認，之後再去客訴現場。

萬一無法立即趕赴現場，也一定要跟對方聯絡，讓對方知道你並非不處理他的客訴，而是正在研議解決之道。**對於投訴者來說，最不樂見的就是別人對自己的客訴完全不當一回事**。所以一定要提醒自己，別激怒對方，同時讓對方知道，自己非常有誠意要解決事情。處理客訴時，最要不得的就是想要一手遮天，自己一個人私下解決。我們不是不能了解大家擔心客訴的發生，會降低公司對自己的評價，因而盡量不要驚動到主管，想要自己一個人解決的心理。不過，大家可能沒想到，當發現自己無法解決時，問題往往已經大到無法收拾了，所以請一定要避免這種情況發生。擁有責任感固然重要，但也請不要忘了，自己充其量不過是組織中的一員而已。

雖然我們都不希望發生客訴，不過若能好好處理客訴，將能讓你學到非常多東西。積極處理客訴，反而會讓顧客更加信任你。因此，希望大家不要討厭客訴，而要把它當成讓自我成長的機會，以積極正面的態度去面對它。

60 ▼▼▼ 決斷力

不管工作性質為何或職位高低，都必須做出大大小小、各式各樣的決定。下決定時所需要的能力，就叫做決斷力。

決斷力的重點有三：

第一點，就像「當機立斷」一詞所說，下決定時一定要果決，千萬別拖拖拉拉。

現在的商務，比過去更講究速度，為因應這個趨勢，決斷的速度自然也要更快才行。特別是公司的經營者，每天都有接連不斷的決定等著他去做，若沒有決斷力，公司根本無法運作。二、三十歲的年輕人，或許還感受不到決斷力的重要性，不過當越爬越高，晉升到管理階層時，就一定要有當機立斷的能力才行。

第二點是，要自己好好思考過後再下決定。這對經驗不足的年輕上班族來說，更是重要。

雖然大家被要求要當機立斷，不過不經周全的思考，單憑一股蠻勁或直覺做決定，往往會發生錯誤。想事情老是拖拖拉拉的，一下子覺得這個不妥，一下子又認為那個不妙，確實不是件好事，但太過急於做決定也會有問題。做決定前，稍微撥個一小時也好，讓自己有機會坐下來，慢慢思考後再做結論也不遲。

第三點是，當對自己的決定有所疑慮時，一定要請周圍的人給予建議。就跟「59客訴適應力」中提到的一樣，做決定時不需要一個人獨自埋頭苦思。真心誠意地找其他人商量，懂得借助他人的智慧，才能做出正確的判斷。

找人商量時，最好是自己已經有一定的想法，再請別人針對這個想法給建議。自己的想法都還不確定，就算問其他人：「你覺得我該怎麼做比較好」，被問到的人可能也會覺得很困惑吧！

在年輕時就養成於短時間內集中精神去思考，再做出決斷的習慣，就能建立自己獨有的決策過程。

如果發現自己在做決定時，思考上會有拖拖拉拉的傾向，但提醒自己當機立斷，又反而會變成依直覺草率做決定，那就要讓自己養成在做決定前，至少挪出一個小時來思考的習慣。

另外，千萬不要因為決定是自己做的，就覺得非要固守這個決定不可。獨裁專斷的經營者，有不少都有朝令夕改的傾向，不過換個角度來看，這也表示他們的想法很有彈性。對自己的決定有自信固然重要，不過有時候讓自己保有改變決定的彈性也是必要的。

61 ▼▼▼ 人際關係協調力

對於在組織中工作的上班族來說，能跟周圍其他人相處愉快，也是一項不可多得的能力。

維持圓滿的人際關係，絕對是讓工作做起來更順利的重要條件。卡內基在《打動人心》（*How to Win Friends and Influence People*）一書中也寫到過，表現優異的上班族或經營者，整體來說，都很了解人際關係協調力的重要性。

了解「人是靠感覺在做事」的道理，對於自己人際關係協調力的成長是非常重要的。不懂這個道理，就很容易會陷入「我已經把道理講得這麼明白了，為什麼下屬還是無法照我說的話去做呢？工作狀況這麼不理想，最大的原因就是下屬不好好遵守我的指示」的迷思中。

道理講得再正確，只要對方心理上覺得難以接受，就無法說服對方。一個人能否被說服，或願不願意動起來，關鍵就在於對方的感覺，而不是道理。

事實上，誤以為靠說理就能讓人動起來的人並不少。人際關係協調力差的人，可能會想透過跟下屬或周圍其他人說：「我的構想沒錯。要想提升公司業績，一定要採用我的計畫，希望大家能好好支持」的方式讓大家動起來。殊不知，光憑這點根本無法讓人動起來，計畫最後也只能以失敗收場。

先不管接到指示的下屬，本身是否有心想做，若想讓他們產生「跟主管並肩作戰」的鬥志，並進一步採取行動，你就必須知道，自己該怎麼做才能讓下屬樂在工作。也就是說，你要站在對方的立場，去理解對方的心情或感覺，才有可能讓對方動起來。從這點來看，所謂的人際關係協調力，就要從理解與掌握在職場上跟自己一起工作的人的感覺做起。

如果想在職場上跟周圍的同事或下屬建立良好的關係，就必須將注意力放在仔細觀察下屬與同事上，同時還要思考自己該怎麼做，才能讓大家同心協力並樂在工作。若做不到這點，在人際關係協調力上便很難有所成長。

至於一定要避免的是，千萬別以「我是主管，給我好好聽著」的姿態或口吻對下屬說話。站在下屬的立場，當聽到主管這麼說時，口頭上或許會回答「是」，但心裡卻不一定真的對你心悅誠服。這麼一來，不僅無法構築良好的人際關係，也別指望工作會有多好的成果。

想要「讓人動起來」時，絕對不能只是傻傻地「叫人動起來」，而要記得提醒自己，該用什麼方法，才能「讓人自己想動起來」。

62 準備力

不管任何工作或計畫，走一步算一步的做法，跟事前確實做好進度管理的方式，從結果出現的速度到最後展現的成果，都會有極大的不同。

我將這個事前預做調查與管理進度的能力稱為「準備力」。

準備力，若用運動來比喻，就像是助跑一樣。跳遠時若沒有經過助跑，就無法跳得很遠。預留充分的助跑距離，再仔細配上適當的步伐，才有可能創造出輝煌的成績。工作也是同樣的道理。

有個很有名的故事：過去在戰國時代，當豐臣秀吉還叫做木下藤吉郎的時候，他將織田信長的草鞋放在自己懷中溫熱，這便是個不錯的例子。他會這麼做是因為，他預測到信長要出門，想讓信長有舒適的草鞋可穿，所以才煞費苦心做好事前準備。秀吉能夠得到天下，其中一個原因，也許就是因為他的這項準備力。

支持準備力的基礎則是「多方關照」。

比方說，跟主管一起到國外出差時，具備準備力的人，就會提早確認自己的護照是否過期、有沒有當地的簽證、依照當地氣候狀況該穿什麼衣服，從飯店與交通方式的查詢，到如何有效率地拜訪完所有客戶的行程表等，通通都會在事前就做好準備。準備力更強的人，甚至還會不著痕跡地提醒主管，要確認護照有沒有過期，或在當地該穿怎樣的衣服。

懂得多方關照的人，才有辦法在事前注意到在什麼地方可能會需要什麼東西，也才有可能在事前做好準備。不懂得多方關照的人，就算想要事先做準備，準備的東西也可能都不合需要。

除了護照之外，服裝與飯店等，確實是能等到達當地之後再處理。最近其他國家也跟日本一樣，非常流行使用智慧型手機，所以到了當地後再去找飯店或查詢交通方式，也不是多難的事。不過，若到了當地才來處理這些事，不僅會在工作之外佔據很多時間，心情上也會比較緊繃，因而無法從容處理事情。若是私人出國旅遊，這麼做還無可厚非，但若商務出差也這樣，實在很難期待會有多好的工作表現。

只要提前十分鐘準備，實際工作時所花的時間與成果就會天差地別，還能避免發生意外狀況。這便是具備準備力的優點。

準備力，從某個角度來看，也算是「預測未來的能力」。別只會專注在眼前的工作，平常也要提醒自己，養成稍微預測一下未來，事前察覺接下來可能會變成怎樣的狀況、又需要用到什麼東西的習慣。

63 ▼▼▼ 資訊選擇力

稍早之前，資訊蒐集力對一名商務人士來說還非常重要。然而，時至今日，資訊要多少有多少，隨隨便便都找得到。比方說，想要找跟「透過手機來進行郵購」有關的資料，只要上網輸入關鍵字，就會出現許多資料。除了網路外，透過報紙、商業雜誌，甚至是週刊等，我們每天都會不斷接收到各式各樣全新的資訊。在這種情況下，想看完全部資訊，並讓這些資訊確實發揮用處，根本是不可能的。因此，如何從所有的資訊中，選出自己真正需要，又是自己一定要吸收的，就變成一種極為重要的能力。這正是所謂的「資訊選擇力」。

選擇資訊的基準，包括「必要性」與「正確性」兩項。

所謂「必要性」是指，要判斷某個資訊對自己來說是否真的有助益。就算手上握有再新、再獨家的資訊，只要對自己的工作沒有益處，便一點意義也沒有。有一點希望大家不要誤解，那就是蒐集資訊只是達成目標的手段，其本身並不是目的。我們常能看見一些人，一開始蒐集資料後，就忘了當初為何要蒐集資料，而不知不覺將蒐集資訊變成了主要目的。因此，大家一定要明確知道，什麼樣的資訊才是對自己真正有幫助的。

另外「正確性」則是指，要確認蒐集到的資訊是否正確無誤。網路確實是個能讓人在短時間內有效率地蒐集到許多資訊的工具，不過這些資料的可信度則需一個個仔細查證過才能得知。除了個人部落格或網站的留言外，大型新聞網站中的媒體情報也出現過不少失誤或偏頗的情況。為了不被這樣的資訊愚弄，大家一定要有判別真偽的能力。

獲得較難入手資訊的其中一個方法就是，直接到現場用自己的眼睛確認，或直接跟實際上握有資訊的人見面。比方說，想要蒐集前述「透過手機來進行郵購」的相關資料，便可實際去拜訪網購公司，或邀集曾透過手機購買網路商品的人來參加座談會，靠自己蒐集「第一手」的資訊。之後，再拿自己取得的「第一手」資料，去對照網路或媒體上的情報，就能得到更有益、正確性更高的資訊。

最後，想磨練自己的資訊選擇力，第一步就是要明確知道「對自己有益的資訊是什麼」。若連這點都不清楚，就算蒐集再多的情報，內容也會散亂找不到重點。而且，平常就要提高注意力，多留意「哪裡找得到對自己有益的資訊」。記得一定要養成能一眼挑出出現在報紙、網路新聞，甚至是報紙上文章等「對自己有益的資訊」的習慣。請別人代為蒐集資料的時代，已經完全結束了。

64 ▼▼▼ 邏輯力

所謂邏輯力，是指對事物進行邏輯分析與判斷的能力。比方說，對於別人提出的數字，如果什麼都不做，這些數字充其量不過是檔案，沒有任何意義。所以，我們自然需要將這些數字進行分析，讓它變成有意義的數據。

這種時候，每個人根據分析所做的判斷都不同。比方說，聽到「日本負債總金額為一千兆日圓」的數字，有些人可能會分析，「日本再這樣繼續發行國債，總有一天會倒」；有些人則會認為，「日本跟希臘不同，購買日本國債的都是日本自己的國民，因此就算借貸的金額增加，國家也不可能會倒」。

先不管這兩派說法誰是誰非，重要的是，不要人云亦云，將別人所講的通通照單全收，自己也要在腦中進行邏輯思考才行。也就是說，只會跟隨別人的想法，認為「新聞評論這麼說，那應該是正確的」或「某位知名經濟學家都這麼講，我當然相信」，其實是很危險的。

在商場上，如果也是這樣隨別人意見起舞，未來在前方等著你的，絕對是嚴重的失敗。我們必須具備用自己的方法分析，並以邏輯方式思考別人提供的檔案或事件的能力。

具備有邏輯思考的能力，在工作上發生某個問題需要做決定時，就能提高決斷力。會有強烈的想法或意識，認為「雖然周圍的人都這麼說，但我自己卻是這麼想的」，便是從邏輯思考中產生的。太會揣摩別人的想法，或習慣依賴他人的意見，等到突然有一天需要自己做決斷時，就會手足無措，不知該如何是好。

簡單來說，想要擁有邏輯力，平常就必須養成邏輯思考的習慣。

比方說，對於年金問題，你有什麼看法呢？

「我認為日本年金制度並不會瓦解。年金制度為日本憲法第二十五條中生存權保障的體現，只要這個國家還在，就不可能沒有公有年金。但也不是說日本年金不會瓦解就可以因此大意。可以預見地，未來少子化的問題一定會越來越嚴重，經濟狀況也很難在一時間有太大的起色。年金開始支付的年齡，應該也會由原來的六十五歲提高到七十歲，而且就算支付金額降低到現在的七成左右，也沒什麼好奇怪的。因此，一定要有將來還要繼續工作的心理準備才行。」

這不過是透過某人的例子，來講述邏輯思考的方式而已。那麼，你又是怎麼進行邏輯思考的呢？關於年金制度，別被新聞或網路的留言所影響，好好用自己的方式分析一下，就能提升自己的邏輯力。另外，在我看來，利用讀書之際進行緩讀（速讀的相反，指閱讀的時候，一邊慢慢地思考），對於提升邏輯力，也是很有幫助的。

65 行動力

上班族，基本上就是要做出成果或實績。所以，實際展開具體行動是非常重要的。一個工作提案就算做得再好，只要無法付諸實行，就一點意義也沒有。如同諺語「黃道吉日天天有，萬事皆宜早動手」所說，凡事都要儘快採取行動。

最糟的是，不僅不展開行動，還只會一直批評。每一個地方都有愛批評或愛埋怨的人。不過真跟這些人說：「不然請你自己實際做看看」，大家又都閉嘴了。

當初我在創立公司時，也有許多愛潑冷水的人在我身邊說：「創業沒那麼容易，還是趁早放棄比較好啦」。不過，當我反問對方：「那麼，你知道要如何創業嗎？」時，對方又安靜得什麼都不說。會進行這些負面批評的人，多半自己都沒有創過業。

在職場上，行動絕對比批評重要。當有煩惱的時候，要養成選擇行動而非批評的習慣。若想要批評，行動之後有的是機會。

擔心失敗而不敢採取行動，則是另一個問題。

展開行動後，確實可能要承擔失敗的風險。失敗不是什麼值得開心的事，所以我也很能理解這種心情，不過如果因為這樣就畏懼失敗，那損失可就大了。

因為，不行動確實不會失敗，但相反地，也絕對不可能得到成功。也就是說，與其因為沒有展開行動而後悔，不如好好做過之後再失敗還比較好。展開行動但結果不如預期時，自己還稍微能接受；完全沒有展開行動就放棄，不僅自己不能接受，還會非常後悔。

人的一生有限，我們能在職場上的時間更是不長。因為畏懼失敗而不採取行動，真的好可惜。

展開行動後就算失敗，這個失敗也會成為自己的經驗，讓自己下一次更有機會成功。光是這點，就足以讓人放手去展開行動。還有，行動後絕對會有結果，不管成功或失敗，重要的是，要記得進行檢討與確認，才能將經驗活用至下一次的行動。

採取行動的人中，有一種模式是我比較不推薦的，就是不管成功或失敗，完全沒有從中學到任何事，也無法將經驗活用到下個階段。因為這樣不僅不會成長，還有可能會一直重複相同的錯誤。就像PDC（PLAN、DO、CHECK）一詞所說，計畫、實行之後，最基本的就是要確認。事情進展越順利，越要PDPD；結果不理想時，則要多DDDD。一定要提醒自己，確實將C（CHECK）放入，確實做好檢討的動作。

66 ▼▼▼ 全球化對應力

在所有產業都紛紛將版圖拓展至全世界，力拼全球化的現在，我們自然也必須因應這股潮流。這便是全球化對應力。

所謂全球化對應力，簡單來說是指，「一個人不管到任何國家，都不會有太大的排斥，還能跟當地人做好生意的能力」。

講起來很簡單，但實際上對一名上班族來說，卻有很高的難度。這不光是語言能力的問題，就算外語能通，也仍有可能因無法融入當地的風土民情、跟當地人溝通有困難，或感覺被當地人歧視等而很難繼續順利做生意。**換個方式來說，所謂的全球化對應力，即代表不僅不會否定跟自己不同的思考方式、習慣或食物，還能真心接納這些差異。**

我因過去在貿易公司與製造業工作，經常有機會到歐洲、美國，甚至是亞洲、中東與非洲等世界各地去。我想就是因為這個經驗，才會讓我無論走到世界各地，都能順利融入當地。想要培養全球化的對應力，重要的是，要到當地去跟那個國家的人做生意，重複累積成功與失敗的經驗。這一點是待在國內所經驗不到的。

雖然目前大家任職的業種都不同，不過只要有出差或被派駐海外的機會，不管要去的是哪一個國家，一定要積極爭取。不光是歐洲或北美，哪怕是被派去亞洲或非洲等國家，只要能融入當地並做好生意，就能培養貨真價實的全球對應力。就算對自己的語言能力不是很有信心，只要在商業上有明確的目標，並努力去達成該目標，語言能力就會跟著提升。

再者，如果公司有公費留學的制度，就算競爭再激烈，也要試著挑戰看看。為了達成這個目的，平常也要多跟主管或周圍的人透露自己「想出國留學」的意願。將自己的想法說出來，不僅是對公司的一種自我宣傳，同時也會提升自己的鬥志。

如果這樣都還找不到出國的機會，或許就可以考慮一下，不靠目前任職的公司，轉以自掏腰包的方式去留學。當然，出國留學確實會花上很大一筆錢，不過，從它能為你帶來的知識、經驗，甚至是人脈來看，你將會發現，沒有比這更好的投資了。

未來，我們的競爭對手是全世界。想要培養全球化對應力，讓自己跟全世界的人們齊頭並進，除了本國語外，也別忘了要積極提升「英文」的商務對話能力。

67 ▼▼▼ 潮流適應力

你比較喜歡 iPhone 系統還是 Android 系統？抑或是你還在用舊式手機？

每個人的想法不同，不論回答哪一項都沒有錯，不過如果有人的答案是，

「我對這方面一點興趣都沒有，所以不是很清楚耶」，那我們可能就要質疑他的潮流適應力會不會太低了點？

在這世上，從政治、經濟到流行服飾都存在著各式各樣的趨勢，也就是潮流。既然是名上班族，就必須對這些潮流有一定的敏感度。

達爾文在進化論中提到過：「能在地球上殘存並進化的，不是最強的物種，而是能夠適應環境變化的物種」。就像美國延續了一百三十餘年的老企業柯達，一直都只以底片為主業而不思改變，最後終於宣告破產一樣，商場上的世界也適用這個概念，只有能夠適應潮流變化的上班族，才能繼續存活下來。

特別是網路產業的變化激烈，對社會的影響力又大，絕對是今後大家要多加掌握的領域。比方說，社群網站的世界，就從過去Mixi＊的全盛時期，變成最近流行的臉書，甚至連全新的Google+也開始加入戰局。另外，曾經風行一時的部落格，則慢慢式微，取而代之的是有迷你部落格之稱的推特。

網路趨勢的變化速度之快，令人眼花撩亂，希望大家能經常留意這方面的資

＊註：日本過去最大的社交網站。

訊。

重要的是，大家一定要知道，這裡所謂的潮流適應力跟隨波逐流可是兩碼子事喔！

換言之，我想表達的不是一定要大家摸透Mixi、臉書或Google+等每一個社群網站，或非得活用全部的網站不可。雖然我自己沒有實際這樣做過，不過可以想像，如果要很仔細經營全部的社交工具，需要耗費多大的時間與精力，想要面面俱到的結果，應該就是每一個都做不好。**因此，大家只要好好挑一個適合自己，且真正需要的社交工具來活用就好了。**

就我個人來說，我現在主要都是用推特，因為推特是目前最適合讓我用來發送情報的工具。當然，要做出這樣的選擇與判斷，前提是必須對臉書及Google+等整體流行趨勢有一定的掌握才行。

觀察潮流的同時，還要能從中找出真正適合自己的事物並將它納為己有。但想要找到適合自己的潮流，建構起自己跟潮流的相處之道，重要的也是要有潮流適應力。

68 ▼▼▼ 人間力

這裡所謂的人間力，是指包含德性與人望等在內的全面性人品。也就是說，事業想要成功，就必須變成一個受人尊敬的人才行。

受人尊敬的人，周圍會逐漸聚集人氣與情報，事業也會越做越好。相反地，缺乏人間力的人，身邊則很難聚集到人氣或情報，所以即使自己再努力或再有實力，往往也只會落得一個人白忙一場的下場。

想要得到別人的尊敬，除了磨練自己的人格外，沒有其他的方法。一個人的工作能力再強、再有錢，只要人間力不及格，就不會有人想跟隨他。

當然，我相信每個人一定都希望自己能成為有人望的人，不過，事實上有些人能如願，有些人卻不行。說到二者哪裡不同，我認為差異就在平常是否會提醒自己，要以得到人望為目標。具有優越人品的人，決不是與生俱來的性格就比別人好，或自然而然就變成這樣。而是因為他們平常就對自己有正面的期許，希望自己能成為更好的人，或擁有更美好的人格，經過努力之後，才培養出大家看到的人品。

有一點希望大家平常多注意的是，要「感謝並關心周圍的人」。眼裡只有自己的人，是很難得到人望的。只要看到任何自己幫得上忙的事，不要猶豫，立刻伸出援手就對了。

有句話叫做「付出與回報」，重點就是要大家先付出，不要期望從別人那裡得到什麼回報。

第一步，先拿出自己所擁有的東西去幫助別人，讓別人感覺到開心，繞了一大圈之後，自然會以回報的形式回到你身邊。持之以恆地付出，周圍就會有越來越多的人跟進，自己身邊也會慢慢聚集越來越多的人氣。這就是所謂的人望。

人望一旦升高，周圍就會聚集更多的人氣與情報，工作上自然更能做出一番輝煌的成果。之後，再將這份成果毫無保留地分送給大家，也就是付出，人望就會越來越高，進而聚集更多的人氣與情報。只要能建立這樣的良性循環，人格一定會更上層樓。

如果身邊剛好有具備人間力或值得尊敬的人存在，透過觀察、學習、吸收與模仿這個人的言行舉止，自己就能得到成長。以自己尊敬的人為榜樣，去模仿他的行為，是相當有效的做法。這種時候，雖說是「模仿」，但也不要太過勉強，否則是很難長久持續下去的。要知道，訣竅就是不能急，而是要在自己的能力範圍內，一點一滴去留心與注意。

69 ▼▼▼ 好運力

所謂好運力，是指抓住好運的能力。

或許有人會覺得，「運氣是很不確定的東西，一點意義也沒有」，不過，對上班族來說，「運氣」卻是非常重要的。我認為「運氣也是實力的一部分」這句話是非常正確的。

事實上，被稱為經營之神的松下幸之助，也十分重視運氣的有無。據說，他在進行自己一手創立的松下政經塾*的候選學員面試時，總會在面試結束後，望

*註：以教育出日本政經界領袖人物為目的的私人教育機構，在日本影響力很大。

著即將步出教室的應試者背影，判斷對方的運氣好壞，並錄取自己覺得「運氣看起來比較好的人」。這樣的做法，還因此傳為佳話。由此可知，松下幸之助有多重視運氣的好壞。

我認為想要吸引好運，最重要的就是「笑容」。世界鉅富排行榜的常客齋藤一人，在著書中也一再強調笑容的重要性。經常保有感恩的心及燦爛笑容的人，會為周圍帶來正面的能量。另一方面，**基本上這種態度謙虛的人，多半比較容易被周圍的人所喜愛與接受，所以自然也會為自己帶來好運**。

另外，凡事抱持肯定的看法，也就是正面思考也很重要。懂得正面思考的人，就算遇到困難或失敗，也會以正面的態度告訴自己「塞翁失馬焉知非福」。好運不靠向這種人要靠向誰呢？

還有，這種開朗且懂得正面思考的人，本身也是非常有魅力的。任何人只要跟他在一起，心情就會跟著開朗起來，感覺好運要降臨到自己身上似的。這麼一來，他的周圍自然會聚集越來越多的人，得到越來越多的援助，事情也越容易朝好的方向前進。從這個角度來看，其實我們是有能力靠自己的力量吸引好運上門的。

相反地，成天苦著一張臉，碰到點挫折就立刻變得退縮及滿腦子負面思考的人，根本不會有人想接近他。而且，這種人因為得不到周圍其他人的幫助，所以好運自然也不會找上他。就算哪天有好運降臨，也極有可能因為他的負面思考而沒注意到這個好運，讓好運跟自己擦肩而過。難得降臨的好運，如果不懂得把握與活用，就一點意義也沒有。

就像「68人間力」也提到過的。想要招喚好運，平常就要立志成為開朗且懂得正面思考的人，讓自己充滿魅力。只要身邊參與的人越多，就能一起將好運給吸引過來。

覺得自己運氣不是很好的人，在自怨自艾之前，記得先笑一下。只要多提醒自己要常保笑容及多正面思考，慢慢就會聚集人氣，獲得周圍其他人援助的機會也會增加，好運力自然會慢慢跟著提高。

突然被派去建立新事業時

這次希望大家思考的是，當突然被派去建立新事業時，「優秀的職員」究竟會如何對應？

現在因公司突如其來的人事異動而被派去建立新事業，或重整赤字連連關係企業的狀況，多到不足為奇。特別是三一一大地震後，一些難以從不景氣中重新站起來的企業，更是急切想透過進軍新事業，或重整虧損分公司、分店等方式，來重建整個公司。要把這種狀況當作是危機（降職），還是視為一種轉機（機會），將會大大左右某人的人生。

那麼，在接到這種人事命令時，應該要怎麼做才好呢？

「O年約三十五歲，任職於某大上市流通零售公司。同期中最早被現在的經營企劃課長拔擢的O，是大家眼中的明日之星，未來公司重要職位的候補人選，跟周圍其他人也合作得很愉快並負責推動課的營運。不過，有一天主管，也就是部長P，突然跑來探聽他的意向，問他有沒有興趣擔任電子商務中進軍海外計畫案推動小組的組長。他雖然知道公司正在推動這個計畫案，但對完全不具電子商務知識或實務經驗的O來說，這段談話簡直就像晴天霹靂，難免會覺得『輪到自己要被降職了』。心想『同梯中比自己更懂情報系統的Q，不是比較適任嗎？』沒想到跟主管P確認後，得到的回答居然是，董事會已經決定要由O擔任這個計畫案的組長了。請問，如果O是優秀的職員，他該如何突破這個難關呢？」

當大家像這次的O一樣，突然被派去擔任新事業的主管時，往往會因「新事業做得起來固然可喜，不過成功的機率卻微乎其微」等先入為主的觀念，而覺得自己被降職了。就連重建虧損的關係企業或分店、分公司，一般也會給人未來可能無法回總公司工作的印象。不過，近年來如果被派去建立新事業，或重建虧損的分公司或關係企業，則應積極接受指派，並將它視為是提升自己工作經歷的機會。這雖有一定的風險，沒人能保證結果絕對順利，有時甚至還會害自己的評價下跌。儘管如此，但眼前這項宛如「火中取栗」般吃力不討好的工作，卻絕對能在未來越來越難掌控的企業管理上，發揮很大的幫助。大家一定要知道，在這個時代，「不能承擔風險的人，便無法拓展自己的潛能」。

那麼，O又是如何對應現況的呢？雖然心裡不太能接受，但因董事會都已經幾乎定案了，所以O決定接下這個計畫案。而且，為了讓這個計畫案能成功，O還透過主管P進行人事異動，讓對情報系統較有研究的Q也加入計畫案中。當然，他在這麼做之前，已經事先取得了Q的同意。

多虧Q的人事調動順利進行，計畫案終於在大家同心齊力下有了一些進展。也就是說，O在接任新事業的計畫案時，就已經懂得要先去確立有可能會左右計畫成果的人事組織。之後在大家同心協力下，不僅計畫進行得很順利，還在兩年內轉虧為盈。能有這樣的成果，全是O當機立斷的決心，及一開始就確立好的人事組織奏效的緣故。

在職場上，人事異動本來就不是簡單就能拒絕的。而進軍新事業或重建虧損的公司或分公司等人事命令，更是因為會給人一種「若是失敗就會得到負面評價」的疑慮，而讓人避之唯恐不及。不過，只要能將它視為一種轉機或機會，積極往前邁進，這個經歷將來絕對會成為你工作上的重要經歷。不畏懼失敗並勇於接受挑戰，才能拓展自己的潛能。就算失敗了，只要記得從失敗中學習，作為下次的參考就好。如果這樣的人事命令突然來到面前，一定要把它當作千載難逢的機會，勇敢向前邁進，相信企業或組織，也會非常期待你的表現的。

第 6 章

將文化活用到工作上

70 ▼▼▼ 你多久看一次書

在這個資訊爆炸的時代，書本的價值並沒有改變。讀書，在提升素養上，依然有著不可取代的意義。

讀書的一大優點是，能讓人養成用腦思考的習慣。最近大家工作都很忙，標榜能提高學習效果的速讀因而變得很流行。話雖如此，我反而建議大家要緩讀，也就是讀書時要深入思考書中的意涵。就像是吃飯，想要真正品嚐菜餚的美味，就不能過於急躁，而要耐下性子，花時間去享受用餐的樂趣，讀書也是同樣的道理。慢慢把一本書讀完，再細細咀嚼、感受書中的內容，才能培養出64的「邏輯力」。

有時候，一邊閱讀，一邊用螢光筆在自己喜歡的句子上畫線，也是不錯的做法。

讀書的另一個優點是，可以從中獲得別人的知識與經驗。

人的一生有限，想在有限的一生中得到成長，最好的方法就是透過書本學習別人的智慧、KNOW-HOW與經驗。千萬不要因為想學KNOW-HOW就一直看商業書籍，我希望大家也能站在學習他人經驗的角度去多讀點小說。

書本的選擇上，參考別人的意見，也是一種方法。親朋好友推薦的書，或在社會上獲得眾人好評的書，都可以找來讀讀看。另一方面，除了參考別人的意見或流行趨勢，以自己的直覺來選書也很重要。

既然建議大家要慢慢的讀，也就是緩讀，大家自然沒必要強迫自己在一個月內讀完數十本書。與其一次看那麼多書，不如挑幾本喜歡的書反覆細讀，還比較容易掌握其中的精髓，讓書中的內容真正變成自己的東西。就我個人來說，如果是我自己喜歡的書，一般都會重複看個五～六遍。真正的好書，哪怕讀再多次，每次仍都會有新的發現。

另外，讀書不是哪天想到就突然一口氣讀很多，而是要養成每天看書的習慣，哪怕每次都只看一點點也沒關係。因此，外出時，最好經常帶本書在身上。我跟大家一樣平常上班都很忙，所以只能利用通勤時間或外出的空檔來看書。

還有，如果可能，不要只看中文書，偶爾挑戰一下英文書也可拓展自己的知識範疇。讀書跟看報紙或網路新聞不同，可以一邊翻字典一邊慢慢地閱讀，對英文沒有自信的人，甚至可以把它當成是在學英文。

今後，透過 ipad 或智慧型手機來閱讀電子書，應該也會是件很普遍的事。

71 ▼▼▼ 你是否懂得本國文化

我們在前面提到過，想要培養全球化的感覺，就必須實際到當地走走，用自己的身體去感受。不過，如果因「全球化的感覺很重要」，就輕忽了本國文化，那可就大錯特錯了。

人一旦到了國外，勢必會因價值觀或習慣上的差異而感到困惑。同樣地，外國人對於跟自己國家截然不同的文化也會非常感興趣。因此，為了讓自己在出國時，能對外國人做出適切的說明，大家一定要對本國文化，有某種程度的了解才行。而且，就算目的是做生意，能否跟對方閒聊自己的文化，也將大大左右談話的品質。

因此，希望大家最好能把過去到現在的本國歷史、茶道、和服、花道、俳句、禪、武道、相撲、武士道等內容，當成一名上班族必備的基本常識，好好培養這方面的知識。不過，我也知道要各位全部都懂是有點強人所難。**所以這裡建議大家，可以先從中挑選一至二樣自己比較感興趣的主題，再就各個主題進行深入研究**。少而精的學習會比多而廣的涉獵更容易獲得有用的知識，說出的內容外國人聽了也會比較感興趣。

學生時代學過柔道的人，可以深入研究柔道或武道；本身喜歡茶道的人，則可試著讓自己擁有更多茶道歷史的知識。如果還記得小時候學過的算盤，在出國後，邊跟大家說明邊示範它的用法，應該會很有話題性。就我個人來說，我非常愛逛神社，所以如果聊到日本神社，我就還蠻有自信的。

當然，就算大家對本國文化都很了解，不過要跟外國人說明這些內容還是有點麻煩，所以最好能事先做好準備。比方說，如果想跟人談「禪」，就必須預先想好，要如何用英文說出想要表達的內容。英文再破都沒關係，懂得先想好要怎麼用自己的話來說明，英文能力便會跟著提升。

只要事先準備好幾個跟本國文化有關的話題，在國外跟人聊天時，就會發揮很大的作用。一個能聊自己國家文化的人，在實際出國時，當地人對他的評價也會比較高。

希望年輕的各位，一定要事先做好準備，未來出國被問及本國文化時，才知道要如何告訴別人，「自己喜歡本國文化的哪一點」。

72 ▼▼▼ 你是否知道要磨練感性

所謂感性，是指一個人擁有的直覺與感覺。這個詞多半被用在服飾或音樂上比較多，令人意外的是，感性在工作場合上也派得上用場。

相信某些人聽到「磨練感性」時會覺得重點是在如何快速掌握或接收社會上的流行趨勢，但我卻不這麼認為。看著雜誌或電視，發現「現在原來是在流行這個！」就立刻盲從的人，其實很難說是具有優越的感性。

透過接收最新資訊，或常到新開的店走走等以掌握流行趨勢固然重要，不過，不被流行牽著鼻子走，擁有自己一套獨立的價值觀與判斷基準，更是不容忽視。有時候，掌握流行趨勢，再故意反其道而行，也挺有意思的。

比方說，現在智慧型手機非常流行，對於不用智慧型手機的人，大家往往會覺得他們要不是落伍，就是跟社會脫節。確實如此，一個對智慧型手機完全一無所知，只會傻傻地使用舊式手機的人，會被人家說跟不上潮流也是莫可奈何。不過，如果一個人是在對智慧型手機有一定程度的了解下，認為「自己可以找別的方法來上網，舊式的手機就夠用了」，他便很有自己的感性。

掌握接收社會上流行趨勢的同時，還要維持自己的風格，才能磨練出自己獨有的感性。人跟人的感性是無法比較的。硬要比A或B誰的感性高，也不會有正確的答案。自己的感性是高或低，或許只有自己能評斷。

重要的是，平常就要用自己的方法，努力磨練感性。

想要磨練感性，首先就得延伸自己的觸角，將眼光放在新的情報及社會的流行趨勢上。之後再進行選擇與取捨，將自己覺得不錯的事物留下來用。唯有用自己的方法來進行選擇與取捨，才會形成自己獨有的感性。

另外，透過網路或媒體去獲知一些時尚或流行趨勢時，如果內容剛好是自己有興趣的，最好能實際到現場看看。另外，多觀察路人的裝扮、多到流行的店家、餐廳或美術館等走走，或去看場電影、戲劇或聽現場演唱會等也都非常不錯。

唯有自己走出去，實際到現場接觸，才能慢慢磨練出自己的感性。

73 ▼▼▼ 你是否經常玩樂

讓我深感尊敬且將「Franc franc」培育成ＢＡＬＳ集團的高島郁夫社長曾出版過一本書，名為《我不需要不會玩樂的員工》（遊ばない社員はいらない，鑽石出版社）。他在書中提到了玩樂對上班族的重要性，對此，我也深感同意。

事實上，「玩樂」的定義很重要。我這裡所講的「玩樂」，是指「除了上班外，也要確保休閒的時間」。

工作對上班族來說確實非常重要，但只有工作是不夠的。不管再忙，每個禮拜都一定要撥出時間休息，並用自己的方法，讓人生過得更充實。

玩樂，有幾項優點。

第一點，確實區分上班與休閒的時間，能讓工作變得更有效率。如果因事情多到忙不過來就一直工作，只會讓身體處於緊繃的狀態，降低工作效率。與其這樣，不如適時地玩樂與放鬆，之後再將精神集中在工作上，工作品質反而會比較好。不懂得區分上班與休閒的時間，只會拖拖拉拉做事的人，就算工作時間再長，也只是在浪費時間而已。另外，想要維持健康的精神狀態，也必須靠適度的玩樂，才能轉換心情、忘卻煩惱，同時釋放壓力。

第二點，「玩樂」能磨練感性與性情，也能建立人脈。

特別是感性與性情，有些雖能透過工作來提升，有些卻是非得憑藉工作以外的經驗才能成長。希望大家在二、三十歲還年輕時，就能透過「玩樂」，讓自己工作以外的部分也大幅成長、磨練感性與性情。「玩樂」中發現或注意到的事，會讓人生變得更充實，成為你畢生的財富。另外，透過「玩樂」所建立的人脈，也可能成為你一輩子往來的夥伴。

話雖如此，太過介意玩樂是否能「磨練感性、性情」或「讓人得到新發現或新注意」，反而會讓「玩樂」的時間變得無聊，到頭來什麼好處都沒撈到。人生過得越充實的上班族，越懂得明確劃分上班與休閒的時間。只要想著，「玩樂」

時要徹底「玩樂」，最後如果有得到些什麼，就算是多賺到的就好了。

二、三十歲時忙於工作，難得的休假也多半是在睡夢中度過。偶爾讓身體休息一下，確實很重要，不過如果將休假的時間，通通拿去睡覺，也未免太浪費了。**想要提高工作品質，就要明確區分上班與休閒，卯起來「玩樂」，才能讓休假變得更有價值。**

74 ▼▼▼ 你是否會去拜訪不常碰面的人

想要提升自我，重要的是，偶爾要從外部接受一些強烈的刺激。每天過得渾渾噩噩又缺乏刺激，就別指望有成長的一天。

這裡推薦一個能讓人得到這種刺激的方法，那就是，聽平時不常碰面的人講話。

我因為工作性質的關係，經常有機會接觸到許多被稱為菁英的優秀經營者，每次見面都受到極為強烈的刺激，讓人獲益匪淺。前些日子碰巧有機會聽到ＨＩ

S的創業者，也就是二〇一〇年讓長崎豪斯登堡轉虧為盈的澤田秀雄社長說話，獲得許多有益的資訊，成為我非常珍貴的經驗。

現在只要透過網路，就能立即搜尋到座談會、演講等相關情報，找機會去聽自己有興趣或非常有名、但平時難得碰到面的人說話，就變成是非常簡單的事。假如自己尊敬的人，剛好有舉辦座談會或演講，為了對自己能有所啟蒙，就一定要積極地參加。雖然交通費、座談會與演講的參加費等，都稍微要花點錢，不過這也算是一種自我投資，絕對不會是浪費。

我為了聽某位尊敬的人說話，有時還會刻意去參加那個人所舉辦的早餐讀書會。雖然那個人的年紀比我小，但每次聽他說話，都會帶給我許多良性的刺激。

假使自己有興趣的人，完全沒有舉辦演講或座談會，而自己又真的很想跟對方直接見面說話，鼓起勇氣寫封信告訴對方，自己想跟他見面聊聊，也是一種方法。

以我過去擔任人才顧問的經驗來看，就算彼此未曾謀面，只要接到一封誠意十足的信，對方還是會被打動的。而且如果寫的內容，不是工作上的業務，而是「我從以前就很尊敬您，希望有榮幸能跟您見面，請教您一些事情」等，在對方時間許可的情形下，也不是完全沒有見面的機會。就算信寫完寄出去後，對方完全沒有回應，這個舉動本身還是很有意義的，因為你一開始就不抱任何希望，卻願意去嘗試。直接去接觸自己尊敬的人，採取提升自我所需的具體行動，絕對會讓自己有所成長。

如果運氣不錯，對方願意跟自己見面，一定要好好珍惜這個緣分。因為一開始這個不起眼的會面，有可能會讓彼此的關係越來越緊密，在未來，或許也會成為自己無可取代的人脈與財富也說不定。

如果你有「最近每天都一成不變，一點刺激也沒有」的感覺，記得一定要主動去找刺激，花點時間與金錢，去參加在社會上堪稱一流或自己感興趣的人所舉辦的座談會或演講。要知道，若什麼都不做而只會空等，別人是不可能主動給你刺激的。

75 ▼▼▼ 你是否對做菜或美食感興趣

我認為，不管男女，都應該要對料理或美食有興趣才行。這句話有兩個意義。

第一是指「要到一流的餐廳或料亭*去光顧」。

這麼說並不是要大家變成美食家或饕客。而是指，就算對料理沒有特別的興趣，也要去見識一下，一流的餐廳為何會被稱為一流。簡單來說，就是要把它當成一種自我投資，告訴自己它值得你花高額的金錢，親自去檢證它的一流。如同食衣住行這句話所說的，飲食對人類來說，是非常重要的要素。即使你本身對高級餐廳沒有多大的興趣，身為一名上班族，還是必須隨時留意，在美食的領域中，有哪些餐廳是被評價為一流的。

*註：指高級的傳統日本料理餐廳。

「你覺得一流的人才，為何會想去一流的餐廳？」

「一流的餐廳跟一般的餐廳有什麼不同？」

心存這些疑問是很重要的。而且，想要消除這些疑問，最好的方法便是自己實際去體驗看看。如果實際去過後，還是無法消除疑問，那也沒關係。因為親身去體驗的舉動，本身就很有意義。吃著一流的食物，同時接受一流的服務，不僅是個新體驗，也能擴展自己的視野。就像是去美術館看一流的畫作般，美學素養一定會提高許多。

還有一點就是，「學會自己做菜」。

現在只要到速食與便利商店就能輕鬆解決一餐，但吃飯最基本的還是買食物回來烹飪。守住這個基本原則很重要，且最好的方法就是自己下廚。

另外，手藝最好能好到可以邀別人到家裡吃自己做的料理。「款待」原本是指自己做菜請別人吃。而「御馳走*1」這個詞，據說則是源自於為了招待客人而到處奔走、四處張羅，準備食物的意思。**也就是說，自己做菜請別人吃，最能表達想要款待別人的心**。事實上，邀請他人到自己家裡來參加家庭聚會，對於拓展人脈也很有幫助。跟朋友到餐廳一邊吃飯，一邊聊天說笑，固然有助於加深彼此的友誼，不過偶爾在自家款待朋友，做些菜展現一下自己的手藝，將能發揮更棒的效果。

另外，做菜很重視流程。擅長做菜的人，從事前的準備到物品的清洗，通通能進行得很流暢；菜餚完成時，整理工作多半也同時結束。我們曾在第 5 章的「62 準備力」中，提過流程的重要性，做菜正好也有鍛鍊準備力的效果。

總歸一句，對料理與美食保持興趣，絕對能提升自我的素質與人際關係。

76 ▼▼▼ 你是否會督促自己去運動

如同「心技體*2」一詞所說，身體跟心靈關係密切，擁有健康的身體，才能維持心靈的健康。想要維持身體的健康，就要養成運動的習慣，不論從事哪一

*註 1：在日文中有佳餚、請客與感謝款待等意思。
*註 2：日本認為運動想要有好結果，就必須「心」、「技」、「體」三位一體。「心」＝精神力。「技」＝技術。「體」＝體力。

種運動都無所謂。**沒有運動習慣的人，隨著年齡的增長，身體必定會越來越孱弱，同時也會影響到心靈的韌性。**

跟一些經營者見面時，我發現只要是外表看起來比實際年齡年輕而有活力的人，十之八九都有在運動。另外，活躍於職場的人們，多半也都有運動的習慣。大家之所以會這麼認真運動，無非是認為鍛鍊身體、維持健康，才能有好的工作表現。

對於想要運動的人，我建議選擇能持之以恆做下去的運動。因為運動的目的，最主要是在維持健康，所以如果一個運動，讓人做沒幾天就不想做了，就一點意義也沒有。為了能持之以恆做下去，最重要的就是必須選擇自己喜歡的運動。其他還有幾個要素，也會影響到一個運動是否能讓人長久持續下去。

第一個就是，要選擇簡單幾個人就能做的運動。比方說，像棒球這類需要聚集很多人才能玩的運動，光是要湊齊這些人就要耗費極大的工夫，而且又不能搭配自己的狀況，隨隨便便不想去就不去。相較於此，如果是跑步類等自己一個人也能做的運動，稍微一有時間，就能自己去運動。除了跑步之外，滑雪、滑雪板、高爾夫球、衝浪、潛水、游泳或網球等，也都屬於一、兩個人就能做的運動。

其他像年紀大了能否繼續做，也是個重要的因素。比方說，跑步或高爾夫球就是一個上了年紀後，依然能從事的運動。另一方面，需要團隊合作的足球或棒球等運動，在上了年紀後，可能就很難再繼續玩下去。

除此之外，能否找到跟自己同樣喜歡某個運動的同好，也是左右一個運動能否持續做下去的因素。跟同好討論運動、相互競速或設定目標等，將能提高自己從事該運動的慾望，做起來也會比較有幹勁。

以我個人的見解來說，雖然到健身房運動或室內游泳池去游泳，讓自己運動到汗水淋漓也不錯，不過，我還是會建議大家，最好從事能同時呼吸到戶外新鮮空氣的運動。為什麼我會這麼說呢？因為相較於悶在室內，在寬敞的戶外空間運動，不僅心情會變開朗，情緒也比較容易得到釋放與轉換。

另一點要提醒大家注意的是，運動雖好，但不能過於沉迷。比方說，打高爾夫球時，如果設定的目標過高，而自己又不斷沉迷在破紀錄上，就有可能因運動而荒廢工作。要知道，運動充其量不過是讓你健康工作的方法而已。千萬要懂得拿捏分寸，不要過於沉迷，但是，又要細水長流地持續做下去。

77 你是否會努力提升自己的興趣

在前面的單元中，我建議大家要多運動，除了運動之外，有幾個能長久持續下去的興趣也不錯。

興趣只要一到兩個就夠了。有些人可能興趣廣泛，但每項都淺嚐即止，我則認為濃縮成一到兩個興趣，再深入去鑽研會比較好。以讀書為例，可將目標設定為「將〇〇大師的著作全都讀完」等，讓自己努力將某人的著作徹底看完。

興趣的內容沒有限制，不管是畫畫或演奏樂器都無妨，不過，最理想的是，找出能讓你持續一輩子的興趣。

任何興趣只要長時間持續鑽研下去，就會加深你在該領域的造詣。我甚至希望大家能投入到，有成為該領域中專家的氣魄。追求興趣，除了能磨練自己的素養與感性外，工作之餘，如果還能有這麼一個擅長的領域，也會讓你在工作之外多一份寄託。

過去我曾見過一個人，花了數十年的精力在感興趣的坐禪上，還跟我聊了許多與禪有關的事。聽這種不管從事任何興趣都能持之以恆的人說話，會讓人覺得十分有趣，也會感受到說話內容的深度。興趣，就要以鑽研到這種境界為目標。

因此，哪怕興趣是「鐵道」或「模型」都沒關係。任何興趣，只要能長時間持續下去，就有它的意義。

以我個人來說，我從學生時代就很喜歡時代劇*，長久以來都有收看電視或電影時代劇的習慣，所以如果要談時代劇，我自有一套獨到的見解。

在跟外國人聊天時，提到時代劇的話題，他們多半都會很感興趣。比方說，如果你跟他們說明，「現在忍者一詞聞名全世界，外國電影中也經常出現忍者的角色，但原本日本的忍者其實是指⋯⋯」，他們一定會對你講的內容很感興趣。擁有這種能跟別人聊得很深入的興趣，最大的好處就是，當人在國外時，它絕對會成為一個很棒的話題。隨著網路的日益普及，大家普遍對日本相關的資訊都有某種程度的了解，因此，跟個人造詣有關且有一定深度的興趣，反而比較容易吸引

*註：指重現某個時代的戲劇，多半是古裝劇。

大家，讓大家願意耐心傾聽。不光是時代劇等純日式的興趣可以拿來聊，比方說喜歡鐵道的人，就可以問大家：「你知道為什麼日本的電車分秒不差，從不遲到嗎？」喜歡泡溫泉的人，則可跟大家分享：「日本人自古以來，就把溫泉視為治療疾病的良方…」等，任何興趣都能跟日本文化或社會扯上關係。

興趣持續的時間越久，造詣就會越深。特別是除了工作以外沒有其他興趣的上班族，更要努力找出一個讓自己感興趣的興趣才行。

78 ▼▼▼ 你是否懂得要慎終追遠

二〇一一年日本發生三一一大地震後，大家又重新思考起「家人間聯繫」的重要性。日劇《家政婦女王》（日本電視台），因完結篇逾百分之四十的收視率而在日本造成一股話題。這齣連續劇之所以會這麼受歡迎，最主要的原因就是，它讓大家又再次想到與家人間的聯繫。

沒有任何一個人是靠自己的力量來到這個世界上的。每個人都有父母，就因為有他們的存在，我們才會來到這個世界。這個道理再一般不過，且能套用到每個人身上。因此，人只要活著，或只要還在職場上工作，就一定要對周圍其他人心存感謝。其中最基本的，就是要懂得尊敬自己的父母與祖先。

我們的父母都有各自的父母存在，而各自的父母又還有其父母存在。**簡單算一下，大家就會發現，往上追溯五代，就會有三十二個祖先，往上追溯十代，則會有近千人的祖先存在**。在這近千人的祖先中，只要少了其中任何一位，我們就不可能存在。這個道理看似理所當然，但若不說，大家平常應該也不會注意到。

也就是說，大家都是承繼了上千位祖先的恩澤，才會奇蹟般地出現在這個世上。大家一定要知道，我們每個人的「生命都是別人賦予的」，沒有任何人是「憑一己之力活著的」。只要大家能懂得自己存在這世上的可貴之處，並對生下自己的人心懷感激，自然而然就會對這個世界產生更多的渴望。你將會認真地看待每一天，不予許自己浪費生命中的任何一天。

我知道大家在二、三十歲時，光要做好眼前的工作，就已經忙到分身乏術，生活方式難免會比較以自我為中心。話雖如此，活著最重要的，就是要對周圍這些平常照顧我們的人，懷抱感激之心。一個人就算事業做得再成功，留下的功績再輝煌，只要不懂得珍惜家人或周圍其他人，就不配當人，更不用說成為成功人士。

現在，即便家人間的距離再遙遠，只要透過手機與電子郵件，就能輕鬆連絡上彼此，不過，偶爾撥個時間，跟對方直接見面聊天，也是非常重要的。三不五時要招待一直照顧著我們的雙親去旅行，或跟兄弟姊妹去聚餐，努力多分一些時間給我們的家人與至親。

在這個看不見未來的時代，往後會發生什麼事，沒有人能預測。正因為如此，人際關係的原點，也就是「家人間的聯繫」，才會變得更形重要。希望各位平常能多自我精進，努力對自己的家人或祖先表達感謝，以行動來貢獻社會，最後讓社會反過來感謝自己。

優秀的職員這點不同
個案研究
10

當變成主管與下屬的夾心餅乾時

這次要大家思考的是，當一名優秀的職員，因公司（主管）與員工（下屬）的想法不同而成為二者間的夾心餅乾時，究竟該如何處理？

只要是工作，就難免會發生主管與下屬意見不合的狀況，如何處理正考驗著一個人的管理能力。這次個案要探討的，便是自己的主管也就是總監（部長），跟自己的下屬意見相左時，站在一名專案經理（課長）的角度，應該要如何處理。

「R是某大外商廣告公司的專案經理（課長），底下有十五名下屬，因要向重要客戶S公司的提案跟主管的意見相左而大為煩惱。在對S公司的提案方面，R所率領的課，經過內部討論決議後，提出A案與B案，並在集結眾人意見後決定採取A案。定案後，R立即向自己的主管T，也就是總監（部長）報告，沒想到，主管居然覺得B案比A案更適合拿來向S公司提案，而且判斷B案在比案時的勝算絕對比A案大，所以指示R要進一步去加強B案的內容。R回到課裡後，立即開會告知下屬T的指示，不過因為大家還是強烈認為A案比較可行，而很難接受更換成B案。過半數的下屬都希望R能想辦法說服主管T接受A案，因而讓R陷入兩難。請問，如果R是『優秀的職員』，應該如何突破目前的窘境呢？」

即使是在組織不斷扁平化的現代公司中，課長這個中間管理階層所扮演的角色，在過去或現在，都沒有太大的改變。對於R這樣的中間管理階層來說，不可避免地，一定會碰到主管與下屬意見不合，而成為夾心餅乾的狀態。能否妥善處理主管與下屬間不同的意見，正考驗著一個人的管理能力。只會聽從主管意見，可能會讓下屬覺得你不過是主管的傳聲筒；相反地，強迫主管接受下屬的意見，則可能會讓主管覺得你是個不受控制的下屬。身為一個中間管理階層，對於這種意見夾心餅乾的狀況，除了正面解決外，沒有其他更好的辦法。

那麼，R究竟是如何處理這個狀況的呢?首先，R心裡想，如果自己的下屬再怎樣都不願捨棄A案，那就重新跟大家討論，為何大家會覺得A案比B案好，之後再去跟主管T說明下屬的想法，並在無損主管顏面的前提下，先肯定B案的優點，接著再清楚表明下屬堅持採取A案的理由。如果這個時候，主管T還是比較屬意B案，便要轉過來跟主管確認，為何他會想要採取B案。結果，主管T在聽了R報告後，很能理解R的下屬會堅持採取A案的理由，於是決定以A案來進行，但提議在A案中稍微加進B案的優點。R得到以A案來進行的指示後，立即向下屬報告，大家聽了都非常高興。另外，在主管T方面，也因為R能適時反應下屬強烈的想法，才能在不傷彼此和氣的情況下以A案來進行。

這次雖然在尊重下屬的堅持與再次跟主管T交涉的情形下，而得到以A案來進行的指示，不過如果T無論如何還是堅持要採取B案，那又該如何處理呢？這種時候，因為是主管的最後判斷，就要清楚告知下屬「為何要採取B案，而非A案」，讓大家明確知道理由。跟自己為了下屬向主管交涉的狀況時一樣，R這次要努力的方向，則是以懇切而仔細的說明方式，讓下屬理解總監T支持B案的理由。這種情況下，不可否認地，下屬對A案一定還存在某種程度的堅持，是否能讓大家轉換心態而接受公司所指示的B案，就要看R的管理能力了。

中間管理階層，遇到成為下屬與主管間夾心餅乾的狀況，或許就像家常便飯般。不過這種時候，要像R一樣，不要直接否決下屬的意見，也別老是對主管言聽計從，在主管與下屬的意見相左時，如何站在雙方的立場，集結彼此的意見與想法，創造皆大歡喜的局面，正可看出一個中間管理階層的能耐。

●終章

本書中，總共提到七十八項二、三十歲的年輕人一定要理解的重點。

實際上，雖然身為作者的我，依然有許多事情需要鑽研，自己本身也還有成長的空間。不過，我還是強烈希望各位二、三十歲的年輕讀者們，既作為一名上班族，就要能儘早確認並掌握這七十八項的內容，以為自己將來的飛黃騰達鋪路。

衷心期望大家能像書名所說，成為「老闆需要的人」，一步步往前邁進，背負並重建起國家的未來。當然，如果這本書的內容，能讓四、五十歲的讀者，在培育下屬或管理之際，覺得有參考價值或有些許的幫助，也會讓我非常高興。

對於一名上班族來說，所謂的「飛黃騰達」，不應只是「在公司爬到高位或得到晉升」。我認為「飛黃騰達」的定義，應該是「擁有更大的權限、影響更多的人、做更重大的工作」。現在的日本，每個人都很害怕失敗，只要一有風吹草動，就想退縮，希望各位讀者不要畏懼失敗，勇敢向前邁進並接受挑戰。特別是年輕時，若能多點「敢衝敢拚」的精神，勇敢接受挑戰，累積失敗的經驗，就能轉化成迎向未來的無窮動力。希望大家絕對不要害怕風險，而要持續前進。

我碰巧有機會造訪越南，現在人正在胡志明市的飯店裡寫著這個終章。這裡的年輕人平均年齡二十出頭，越南經濟發展的狀況也跟過去日本經濟高度成長期相似，光是走在路上，就能強烈感受到一股活力。甚至也有一些大老遠從日本跑來胡志明市創業打拼的年輕人。聽一位二十幾歲，在越南開了間屋頂設有露天澡堂（雖然沒有溫泉），同時主推日本客的商務飯店的年輕老闆談話後，我深刻感受到「商業無國界」這句話，在他眼中是多麼理所當然。在日本，雖然「全球化」一詞常被人掛在嘴上，不過，在我看來，當人在使用「全球化」這個詞的當下，「心中就已經存在國界了」。我相信未來到越南、柬埔寨或馬來西亞等亞洲新興國家，乃至於其他海外國家創業的年輕人，一定會越來越多，今後也勢必創造出另一種新型態的「飛黃騰達」。

最後，製作過《電波少年》、《火焰大對抗》（二者皆出自日本電視台）等電視節目，知名日本電視台放送網的T製作人*（土屋敏男，過去曾在跟我對談時提到，「（對歌手或演員來說，一項技藝）只要每天不間斷地練習十年，就絕對不會出錯。重要的是，對任何事情都不能輕言放棄，而要硬著頭皮堅持下去」。閱讀本書的各位讀者，如果從書中學到或注意到什麼，請記得一定要持續做下去。「有志者事竟成」，持之以恆絕對會成就一番大事業。因此，如果大家能將這本書重複來回多讀幾遍，而不只是簡單看過一遍，我將會非常地開心。如果可以，最好能定期拿出來重讀，將它當成提醒自己的工具。如果本書對各位讀者將來的成功能略盡棉薄之力，對我這個作者來說，將沒有什麼比這個更值得高興的了。

再者，利用本書出版的機會，我想向剛出社會時，照顧過我的日商岩井股份有限公司（即現在的「雙日股份有限公司」）、所羅門兄弟亞洲證券公司（即現在的「花旗集團證券股份有限公司」）、普利司通股份有限公司，以及東京中高

*註：土屋敏男過去因擔任電波少年的製作人，而被暱稱為「T製作」或「T部長」。

階人才搜尋股份有限公司的同仁致意。接著，還要感謝一橋大學技術革新中心暨六本木之丘日本元氣補習班的負責人米倉誠一郎先生、學術之丘的各位同仁、在線上雜誌《jin-jour》時，曾關照過我的財團法人勞務行政研究所的編輯部長荻野敏成先生、《jin-jour》的總編原健先生，以及 **Recruit Works** 研究所的所長大久保幸夫先生，還有這次辛苦為我出版此書的跨媒體出版社（**CrossMedia Publishing**）負責人小早川幸一郎先生、鈴木杏奈小姐，最後，則要向所有一直以來支持敝公司的各位，致上最深的謝意。

佐藤人力搜尋股份有限公司 負責人 佐藤文男

於越南 胡志明市

國家圖書館出版品預行編目資料

老闆只要這些人：日本獵人頭達人教你職場勝出秘訣 / 佐藤文男作；謝佳玲譯. -- 初版. -- 新北市：智富, 2013.06
面；　公分. --（風向；62）

ISBN 978-986-6151-47-7（平裝）

1.職場成功法

494.35　　102007286

風向 62

老闆只要這些人：日本獵人頭達人教你職場勝出秘訣

作　　者／佐藤文男
譯　　者／謝佳玲
主　　編／簡玉芬
責任編輯／楊玉鳳
封面設計／張雅婷
出 版 者／智富出版有限公司
發 行 人／簡玉珊
地　　址／（231）新北市新店區民生路 19 號 5 樓
電　　話／（02）2218-3277
傳　　真／（02）2218-3239（訂書專線）
　　　　　（02）2218-7539
劃撥帳號／ 19816716
戶　　名／智富出版有限公司　單次郵購總金額未滿 500 元（含），請加 50 元掛號費
排版製版／辰皓國際出版製作有限公司
印　　刷／世和印製企業有限公司
初版一刷／ 2013 年 6 月

I S B N ／ 978-986-6151-47-7
定　　價／ 280 元